Pfannenstiel · Geschichte der Gesellschaft Deutscher Naturforscher und Arzte

Die 14. Versammlung in Jena am 23. September 1836. „Wir überlassen es dem Scharfsinn des Beschauers, die zum Theil sehr wohl getroffenen Portraite der Hauptpersonen dieser Versammlung herauszufinden.“ = Amtlicher Bericht über die Versammlung deutscher Naturforscher und Ärzte zu Jena 1836. Weimar 1837.

Kleines Quellenbuch zur

Geschichte der Gesellschaft Deutscher Naturforscher und Ärzte

Gedächtnisschrift für die hundertste Tagung der Gesellschaft

Im Auftrage des Vorstandes der Gesellschaft verfaßt von

Max Pfannenstiel

Springer-Verlag Berlin Heidelberg GmbH

ISBN 978-3-662-23640-6 ISBN 978-3-662-25720-3 (eBook)
DOI 10.1007/978-3-662-25720-3

Ursprünglich erschienen bei Springer-Verlag 1958

Zum Geleit

Die *Gesellschaft deutscher Naturforscher uud Ärzte* — sie ist die älteste und zugleich einzige ihrer Art — hat ihre Lebenskraft durch ihr nunmehr 136jähriges Bestehen erwiesen. Welch illustre Geister gehörten ihr an! Und welch eine Fülle von Wissen und Forschungsergebnissen wurde und wird auf ihren Kongressen vermittelt!
Das *Jubiläum der 100. Tagung* laut zu feiern, verbietet all das Schwere, was hinter und vor uns liegt, nicht zuletzt auch der schmähliche Mißbrauch, der noch in jüngster Zeit mit der Wissenschaft für „politische Zwecke" getrieben wurde.
Wir wollen unser Fest auf die stillste Art und Weise, die es gibt, begehen, nämlich dadurch nur, daß wir — nach Worten A. v. Humboldts auf der Tagung 1828 — „den Wert des lebendigen Wortes, den begeisternden Einfluß, welchen ... hohe Meisterschaft ausübt und die aufhellende Macht des Gesprächs" als alleinige Mittel des Feierns einsetzen. „Entschleierung der Wahrheit ist ohne Divergenz der Meinungen nicht denkbar, weil die Wahrheit nicht in ihrem ganzen Umfange, auf einmal und von allen zugleich erkannt wird".
Die *100. Tagung* soll ausschließlich aktuellen Problemen in Naturwissenschaft und Medizin dienen. Die Forschung kennt nur den Angriff auf bislang unbekanntes, unerforschtes Land. Sie ist daher stets vorwärts auf die Zukunft gerichtet.
Nun, alles was ist, ist geworden. Wer auf der Schwelle steht, blickt gerne zurück. Wir danken es unserem verdienten und verehrten Mitglied Pfannenstiel, daß er uns in einer *Festschrift* in ausgewählten Kostbarkeiten und Köstlichkeiten Rückblick gewährt auf vieles aus der Vergangenheit.
1834 geruhten Se. Königl. Majestät für die Tagung in Stuttgart, „um die Besichtigung der verschiedenen Racen von Hausthieren zu erleichtern ... zum Voraus den Befehl zu ertheilen, daß auch aus entfernteren Mayereien die interessanteren Hausthiere ... in die Nähe gebracht werden sollten". Welch ein weiter Weg von der „seltenen Sammlung von ausländischen und inländischen Hausthieren" bis zu den „Elementarteilchen", zu lebenden Gebilden, die nur mit 50000facher Vergrößerung „sichtbar" gemacht werden können, zu den Sputniks, Explorers, Weltraumraketen und anderem, von dem die 100. Tagung berichten wird.

K. H. Bauer-Heidelberg
Vorsitzender für 1957/58

Inhalt

Einleitung

Der Altmeister der Geschichte der Medizin und der Naturwissenschaften Karl Sudhoff verfaßte 1922 eine „Gedächtnisschrift zur Jahrhundert-Tagung der Gesellschaft Deutscher Naturforscher und Ärzte in Leipzig". Als langjähriger Archivar der alten, ehrwürdigen Gesellschaft hat Karl Sudhoff darin das allmähliche Werden der Oken'schen Gründung von 1822 bis 1922 kurz geschildert. Wohl mußte sich seine Gedenkschrift „aus der Zeiten Zwang und des Vorstandes Entschließung in engsten räumlichen Grenzen halten". Die ersten Nachkriegsjahre nach 1918 mit den vielen politischen Wandlungen im Gefüge unseres Volkes, die Entwertung unseres Geldes, der Verlust des Vermögens und der schönen Stiftungen der Naturforscher-Gesellschaft ließen keine große Festschrift zu. „In besseren Zeiten", das war Sudhoff's Wunsch, sollte zu der 100. Versammlung eine Abhandlung die wissenschaftlichen Entwicklungsphasen, wie sie sich in den Gesellschaftsverhandlungen spiegeln, darstellen.

Die „besseren Zeiten" sind mit der 100. Tagung der Gesellschaft im Jahre 1958 nicht gekommen. Das Vaterland ist zerrissen, das tätige Wirken in einer natürlichen, gegebenen Gemeinschaft hat aufgehört; es gibt keine gemeinsamen Verpflichtungen mehr, die alle Menschen in Ost und West binden. Schlagbäume queren alte Straßen und Schienenzüge; deutsche Menschen blicken an einer unnatürlichen, unüberschreitbaren Grenze von deutschem Land in deutsches Land.

Vermessenheit und eigene Schuld stehen am Anfang und tiefe Trauer am Ende eines Weges, der noch nicht durchschritten ist. Was wir noch Heimat nennen dürfen ist teilweise zerstört, ja entseelt worden. Eine mechanisierende Zeit läßt das Geldeinbringende und Nützliche hervortreten. Der Volkskörper scheint krank zu sein, und viele unserer Mitmenschen fühlen sich in dieser Krankheit einer trostlosen Verflachung sogar wohl.

Den großen Sehern, wozu Ärzte und Naturforscher berufen sind, erwächst eine ernste, heilige Pflicht: alles zu bewahren und nichts untergehen zu lassen, was uns einst gut geprägt und reich beseelt hat.

Aus dieser Einsicht ist dieses kleine Quellenbuch zur Geschichte der Gesellschaft Deutscher Naturforscher und Ärzte entstanden. Es möge nicht allein zur Belehrung dienen; es soll auch ein Trostbuch für uns in dieser trüben deutschen Zeit sein, denn wer da und dort ein Kapitel, eine kurze Stelle liest, wird gewahr, daß die Sehnsucht nach einem im Frieden lebenden, geeinten Vaterlande allen Naturforschern und Ärzten

seit 1805 gemeinsam ist. Immer wieder steht die Klage auf, daß, obwohl man sich zusammengehörig fühlt, politische Schranken die Gemeinsamkeit aufhalten.
Indessen, die Väter unserer großen Vereinigung haben sich nicht abhalten lassen zusammenzukommen. Ihre Sprache und ihre Probleme sind — von der heutigen wissenschaftlichen Sprache und den modernen wissenschaftlichen Problemen abgesehen — unsere Sprache und unsere Probleme. So wird uns weiser Trost gegeben, wird uns zur Aufgabe gemacht nicht zu verzagen, sondern in täglicher Pflicht sich zu bewähren, welche aus der Hoffnung Erfüllung und Wirklichkeit werden läßt, eben jene besseren Zeiten, die Karl Sudhoff für die 100. Tagung in Leipzig erhoffte, welche nun in Wiesbaden stattfinden muß.

Freiburg (Brg.), Ostern 1958 — Max Pfannenstiel

Kurzer Kommentar zu einigen Originaldokumenten in geschichtlicher Reihenfolge

Die Auswahl der im folgenden wiedergegebenen Urschriften zur Geschichte der Gesellschaft Deutscher Naturforscher und Ärzte war nicht leicht. Es konnten nicht alle wichtigen Quellen im Druck erscheinen, weil der Umfang des Buches zu groß geworden wäre. Wohl aber erscheinen einige wesentliche Dokumente. Was gänzlich fehlt, sind Briefe und handgeschriebene Archivalien; just diese sind größtenteils im zweiten Weltkriege vernichtet worden. Noch sind viele, Einzelheiten aufhellende, Aufsätze und Notizen vorhanden, so daß mühelos ein weiteres, ein ergänzendes Quellenbuch zusammengestellt werden könnte.

Es ist nicht gedacht, daß der Leser alle Seiten dieses Buches ganz durchlesen möge. Es soll ihm vielmehr Entspannung bringen, Freude bereiten und soll ihm das historisch Gewordene unserer Gesellschaft nahebringen, wenn er dann und wann einzelne Kapitel liest.

Dieses Quellenbuch gliedert sich in vier Abschnitte.

I. Die echten, historischen Dokumente der Entstehung der Gesellschaft werden vorangestellt.

II. Es folgen die persönlichen Erinnerungen an einzelne Tagungen, die vor mehr als 100 Jahren in verschiedenen Städten abgehalten wurden, Tagungen, die die Verfasser für wert hielten, im leuchtenden Kolorit der menschlichen Begegnungen und der beglückenden wissenschaftlichen Bereicherungen ihren Zeit- und, wie es einmal so schön heißt, ihren „Wissenschaftsgenossen“ mitzuteilen.

III. Der Kranz ernster Schriften, persönlicher Bekenntnisse und Erfahrungen soll schließlich durch einige freundliche und heitere Kapitel aufgehellt werden. Ein unbekannt gebliebener Besucher der Braunschweiger Versammlung 1841 schildert, was er „am Rande“ der Tagung gesehen und gehört hat.

IV. Die Festschrift schließt mit einem Verzeichnis der stattgehabten 100 Versammlungen, der Tagungsorte und der Geschäftsführer. Ein zweites Verzeichnis vermerkt alle Vorsitzenden der Gesellschaft und deren 1. und 2. Stellvertreter seit dem Jahre 1891 bis 1958.

Und nun kurze Erläuterungen zu einigen Dokumenten, welche nachfolgend in der gleichen zeitlichen Anordnung wiedergegeben werden.

1. *Der erste Versuch, eine „Vaterländische Gesellschaft der Ärzte und Naturforscher Schwabens“* zu gründen, ist gescheitert. Der Sigmaringer Arzt Franz Xaver Metzler rief seine

1*

württembergischen und badischen Kollegen 1801 nach Stuttgart zu der ersten Naturforscher Versammlung überhaupt ein und hoffte, daß seine Gründung für alle Zeiten Bestand haben würde. „Allein so tüchtig die vereinigten Kräfte und so schätzbar das freilich Wenige war, das geleistet wurde“, es blieb bei dieser einen Versammlung, und es blieb bei dem ersten und einzigen Bande, den „Denkschriften“ dieser Gesellschaft aus dem Jahre 1805, denen die hier wieder gegebene Klage und der Hilferuf an den „Churfürsten und Marggrafen zu Baden Karl Fridrich“ entnommen ist. Es sei hinzugefügt, daß auch ein zweiter Versuch im Jahre 1814 in Tübingen mißlang, als die Professoren Autenrieth (Pathologe) und Bohnenberger (Physiker) zum Zusammenschlusse auffiefen, wie die „Tübinger Blätter für Natur- und Heilkunde“ dartun. Die Erinnerung an das Bemühen Metzlers aber ist geblieben; denn dem damaligen Freiburger Studenten der Medizin Lorenz Oken (1804) ist der Fehlschlag bekannt geworden. Wir gehen in der Annahme nicht fehl, daß Oken's Gedanken der Gründung einer Ärzte- und Naturforscherversammlung auf jene einzige Stuttgarter Tagung 1801 und auf das klagende und bittende Vorwort der „Denkschriften“ 1805 zurückgehen. Oken spricht nämlich später von diesem frühen, mißglückten Versuch in seiner „Isis“. Die erste erfolgreiche schweizerische Tagung (1815) hat dann einen alten Gedanken Okens, im deutschen Vaterlande gleiches zu tun, nur neu belebt.

2. L. Oken war indessen nicht der einzige Gelehrte, der an regelmäßige Zusammenkünfte aller Naturforscher und Ärzte dachte. Der damalige Adjunct des Präsidiums der Kaiserlich Leopoldinisch-Carolinischen Akademie der Naturforscher, der Erlanger Professor J. S. C. Schweigger arbeitete im Oktober 1818 „*Vorschläge zum Besten dieser alten Akademie aus, als hervorgehend aus dem Geiste ihrer Gründung zu einer deutschen Akademie*“. Einer seiner Vorschläge behandelt die Einrichtung „*Von academischen Versammlungen der Naturforscher Deutschlands*“.

Hier wird nun zum ersten Male in aller Klarheit an die eifrigen Naturforscher und Ärzte Deutschlands appelliert, zusammenzukommen. Der tatkräftige Präsident der Akademie jener Jahre, Prof. Nees von Esenbeck, Botaniker in Erlangen, begrüßte die Initiative seines Kollegen, denn ihm schien, daß nach einer „Reihe von Prüfungstagen der neueren deutschen Geschichte, welche die Akademie glücklich verschlafen hat, sich die ersten Lebenszeichen und neue Theilnahme regen wollen“.

Die napoleonischen Zeiten waren zu Ende gegangen, die leidgeprüften Menschen durften wieder hoffen und planen. Schweiggers Darlegungen enden mit dem Hinweis, daß das „erste Ziel unserer Academie, was sie als leitenden Stern immer im Auge behalten soll, kein anderes sei, als: gloria dei". Berührt es uns nicht zutiefst, daß Prof. Bergmann bei der Wiedergründung unserer Gesellschaft nach dem nationalen Zusammenbruch 1945, seine Festrede in München 1950 mit den Worten ausklingen läßt, daß „wir uns wieder dem Irrationalen und Geheimnissen nähern, die tiefer liegen. Wir stehen und leben wieder in der civitas dei". Sind die Gedankengänge nicht die gleichen? Sind es nicht ausgesprochene Erfahrungen nach größten politischen Erschütterungen Europas?

3. Nachdem, wie Goldfuß sagt, „der wackere Schweigger" die Idee der Versammlungen durch sein „Journal für Chemie und Physik" Ende 1818 ausgesät hatte, ging Oken an die Verwirklichung. Ein weiterer, trefflicher Initiator und Helfer war ihm dabei L.H. Bojanus, Prof. der Tierarzneikunde in Wilna. In Oken's Isis 1819 (Bd. XI, S. 1739) erschien von ihm ein „Wort in Betreff der vorgeschlagenen Zusammenkünfte deutscher Naturforscher", darin er sagt: „Ich stimme dafür, daß diese im July oder August 1822 in Leipzig statt habe". Und so ist es auch gekommen: am 18. September 1822 trafen sich einige Gelehrte in der Grimmaischen Straße Nr. 7 und 8 und später in einem kleinen Zimmer der Pleissenburg in Leipzig.

4. Oken gab in der „Isis" 1820 (Heft 10 und 12) und 1821 (Heft 1 und 3) „ernstliche Aufforderungen zur Versammlung". *Der erste ausführliche Aufruf* ist unter seinem Titel: „*Versammlung der deutschen Naturforscher*" wiedergegeben (Isis 1821, Spalte 196). Zu dessen besserem Verständnis sei hinzugefügt, daß Oken seinen Kollegen Mut machen mußte, nach Leipzig zu kommen. Noch waren die erregten Wellen wegen seiner Entlassung als Jenaer Professor (1819) nicht abgeebbt. Die „Demagogenriecherei" der Mainzer Central-Untersuchungs-Commission schreckte viele Gelehrte vom öffentlichen Auftreten außerhalb des Katheders zurück; man vermutete überall Spione, die es denn auch wirklich gab [z.B. einen gewissen Kniffler (1821/22), der als Schnüffler gefürchtet war]. So wollte man nicht in den Ruf kommen, man gehöre einer „heimlichen Verbindung" an, als deren „Meister und Schreyer" eben Oken angesehen wurde.

5. Wie sehr mußte Oken in seiner Lage und seinem ernsten Anliegen einen Artikel des großen deutschen Paläontologen G. A. Goldfuß aus Bonn, des Verfassers der „Petrefacta Germaniae", begrüßen, welcher seinen ersten Aufruf unmittelbar in der „Isis" anschließt: „*Einige Worte über die in Vorschlag gebrachte Zusammenkunft der deutschen Naturforscher.*" Er geht darin auf alle möglichen und unmöglichen Bedenklichkeiten ein und sucht sie zu zerstreuen.

6. Der erste Aufruf Okens erfolgte im Sommer 1821. Durch Unachtsamkeit beim Lesen wurde die Aufforderung, daß man sich zu einem noch festzusetzenden Tage in Leipzig

treffen möge, als Einladung angesehen, sich schon im September 1821 nach Leipzig auf den Weg zu machen. Einige reiselustige Schwaben, „Gelehrte von der Isar, vom Lech und vom Inn“ fuhren ein Jahr zu früh in die Messestadt. Sie sahen sich genarrt und waren empört über den sich gerade im Pariser Jardin des plantes befindlichen Herrn Oken. Die Allgemeine Zeitung war das Organ, worin sie ihrem Ärger freien Lauf ließen: „*Einige Worte zur Warnung über Hrn. Dr. Oken's Versammlung der Naturforscher und Ärzte Deutschlands zu Leipzig.*“ Oken war dieser Protest gar nicht unangenehm; er druckte ihn in der „Isis“ 1821 ab und verteidigte sich. Jedenfalls war dieses Mißgeschick segensreich. Jetzt wußte man, daß Oken seinen Plan verwirklichen werde.
7. Der zweite und letzte, nun in Ort und Zeit genaue Aufruf war auch die definitive Einladung, sich am 18. September 1822 in Leipzig zu treffen: „*Versammlung der deutschen Naturforscher und Ärzte in Leipzig*“ (Isis, 1822).
8. Da Oken's „Affairen“ im ganzen deutschen Kulturkreis bekannt waren, konnte seine erste Versammlung nicht mit Stillschweigen übergangen werden. *Die erste Zeitungsnotiz* über die erste unserer Tagungen darf darum hier nicht fehlen. Sie erschien in der *Beilage der Allgemeinen Zeitung* vom 12. November 1822.
9. Das Wagnis war geglückt. „Statt einer blos schreibenden (correspondirenden), war eine redende Gesellschaft gestiftet“, was „allgemeine Theilnahme und Freude erregte“; so schrieb wieder Schweigger in einer *rückwärts und vorwärts gerichteten Betrachtung* nach der Leipziger Gründungstagung seine Gedanken nieder „Über die Gesellschaft der deutschen Naturforscher und Ärzte“ im „Journal für Chemie und Physik“ 1823.
10. Die ersten zehn Lebensjahre der Gesellschaft hatten zu entscheiden, ob das Werk für immer Bestand habe, oder wie die frühere Vereinigung der schwäbischen Naturforscher und Ärzte stille einschlafen würde. In Oken's „Isis“ kann man, mangels gutem Register, nach recht mühsamem Suchen, die Berichte über die frühen Tagungen nachlesen. Zwei Wiener Gelehrten, dem Freiherrn von Jacquin (Botaniker) und dem Astronomen J. J. Littrow verdanken wir die „*Kurze Geschichte der zehn ersten Versammlungen*“. Sehr gekürzt, indem das Unwesentlichee liminiert und nur das wirklich Historische belassen wurde, erscheint dieser lebendig verfaßte Bericht nach 125 Jahren in dieser Festschrift wieder. Er ist weit mehr als nur eine Aufzählung von Namen und Vortragsthemen und großen und kleinen Kongreßereignissen; er ist darüber hinaus ein Ausschnitt aus dem Werden eines Berufsstandes der Naturforscher und Ärzte. Wir erfahren darin so nebenbei, daß nur wenige Universitätsprofessoren damals „den lebendigen, freyen Vortrag“ kannten, sondern sich mit „der leidigen Ablesung geschriebener Abhandlungen“ begnügten.

Man erkennt, daß die Auswahl der Tagungsorte ein kleines innerdeutsches Politikum war; nicht nur Universitätsstädte bemühten sich, die Gelehrten in ihren Mauern zu sehen. Es sollten immer wieder abwechselnd größere Orte in allen Himmelsrichtungen des territorial zerrissenen, deutschen Vaterlandes aufgesucht werden. Wohl begrüßte man Orte mit naturforschenden Gesellschaften, weil diese sich um den äußeren Ablauf der Versammlungen und um die Unterkunft der Gäste bemühen sollten.
Die vielen Landesregierungen hatten längst eingesehen, daß kein Geheimbund existierte und keine staatsgefährlichen Themen abgehandelt wurden. Könige und Fürsten gaben nun gerne ihre allerhöchste Genehmigung und erwiesen den Teilnehmern der Versammlungen ihre Achtung und Aufmerksamkeit.
11. „Das Bild des gemeinsamen Vaterlandes", das ist der Eindruck, den A. v. Humboldt von der 7. Tagung 1828 — der ersten Zusammenkunft in Berlin — hatte. „Edle Fürsten beschirmen den Verein", in welchem sich „Deutschland gleichsam in seiner geistigen Einheit offenbart". Die tiefen Worte A. v. Humboldt's sprechen uns Nachfahren in unverwelkter Frische an, und nicht ohne innere Erregung und Wehmut zieht man nach der Lektüre einen Vergleich von damals mit heute. Darum mußte Humboldt's große Rede in dem Quellenbuch einen Platz finden, als Aufmunterung und als Trost für uns, weil dieselbe — um sein eigenes Wort zu gebrauchen — uns so „geräuschlos" wohltut. *(Festrede, gehalten bei der Eröffnung der 7. Tagung der Gesellschaft.)*
Anläßlich dieser Berliner Versammlung 1828 waren 10 Jahre vergangen, daß Oken in Jena als Professor entlassen wurde und J. W. Goethe sich als sein Vorgesetzter mit der leidigen „Okeniade" verwaltungs- und gemütsmäßig auseinanderzusetzen hatte. Aus der eben erwähnten Rede A. v. Humboldt's geht hervor, daß der „Patriarch vaterländischen Ruhmes", Goethe, nicht — wie gehofft — nach Berlin kommen konnte. Wohl war Oken anwesend, gefeiert und geachtet. Es ist zwar müßig, wenn gleichwohl reizvoll, sich eine letzte Begegnung von Oken und Goethe nach ihren heftigen Zusammenstößen auszumalen. Es kann keine Frage sein, daß es ein gütiges, verständnisvolles Aussprechen gewesen wäre; ist es doch eines der großen Anliegen Okens bei der Gründung der Gesellschaft gewesen, sich in Freundschaft zu begegnen und die Differenzen auszuglätten und sich kennenzulernen.
In seiner feierlichen Ansprache trauert Humboldt bewegt den verstorbenen, großen Gelehrten nach, jenen „herrlichsten Zierden Deutschlands, deren Namen wenigstens die Nachwelt wiedersagen wird".

12. Dieses „Wiedersagen" großer Namen verkünden stumm die *„Bildnis-Denkmünzen" der Berliner Medaillen-Münze.* Ein Flugblatt forderte zur Subscription der „Einleitungsmünze" auf: „In Memoriam Conventus Naturae Scrutatorum Totius Germaniae Septimum Celebrati Berolini MDCCCXXVIII Mense Septembri." In der Folge sind viele Denkmünzen deutscher Ärzte und Naturforscher, wie auch für einzelne Tagungen geprägt worden. Sollten wir diesen schönen, aber leider vergessenen Brauch nicht wieder aufnehmen? Wir haben Gelehrte genug, und auch die Künstler zur Anfertigung der Medaillen. Es ist für einen Historiker der Naturwissenschaften und der Medizin gar kein Zweifel, daß solche Bildnis- und Tagungsmünzen das Standesbewußtsein im besten Sinne gehoben haben und wieder heben würden, und daß die Achtung vor dem Ethos des heutigen Ärzte- und Naturforscherberufes im deutschen Volke steigen würde.
13. Unter den hundert *Abschiedsreden am Schlusse der Versammlungen*, die nicht nur aus Höflichkeit, sondern auch aus innerem Zwang und Drang des Erlebten, meistens von dem zweiten Geschäftsführer, gehalten wurden, sei die schöne Ansprache von J. J. Littrow in Wien 1832 wiedergegeben. Wir reden heute sachlicher, aber sicher nicht schöner. „Begeisterung ist keine Häringswaare", sagte Goethe, sie läßt sich nicht überall kaufen, sie wird geschenkt und steckt an, und just dies ist der Fall bei Littrow's „Lebet wohl"-Worten.
14. Die Wiener Versammlung 1832 ist die zehnte gewesen. Wie in jede menschliche Einrichtung, so haben sich auch damals schon innerhalb eines Dezenniums einige kleine Schwächen in unsere Institution eingeschlichen. Der Gründer, L. Oken, war ein Puritaner; aber in die Versammlungen kamen nicht nur Gleichgesinnte und Gleichstrebende, sondern auch eine Anzahl, die das Vergnügen suchten. Hören wir einen Unbekannten darüber aus dem Jahre 1842 sprechen: „Es genügte diesen Zusammenkünften nicht mehr die Oken'sche Spartanerstrenge gelehrter Diskussionen, man will und sucht Zerstreuung, Lustbarkeit und eine persönliche Bekanntschaft, welche sich nicht nur auf wirkliche Mitglieder bezieht. Einige warmschlagende Naturforscherherzen bemerkten gar bald, daß die Statuten zu wenig Rücksicht auf Naturforscherinnen nähmen, obgleich diese süße Qualitäten zu wirklichen Mitgliedern gehabt hätten. Man zog sie daher zu Symposien und abendlichen Zusammenkünften, gedachte ihrer in den öffentlichen Sitzungen, wo sie durch ihre Gegenwart den grauen Baum der Theorie mit bunten Farben und leuchtenden Augensternen zum Weihnachtsbaum verherrlichten."
Das heißt, daß die Tagungen wirklich zu einem Fest, dem „Naturforscherfescht" wurden, wie z. B. die Stuttgarter Bevölkerung sagte. Die ehrenwerten Kollegen nahmen in steigender Zahl ihre Damen und Töchter mit. Es war *die* Reise und *der* gesellschaft-

liche Höhepunkt des Jahres. Verständlicherweise wollten die Damen nicht in den Sitzungen sein; sie sahen sich die fremde Stadt an und zogen dabei nicht nur ihre eigenen Männer, sondern auch andere, aus dem Hörsaal hinaus. Dies sei genug kommentierend gesagt. Man lese die „*Kapuzinerpredigt mit Wiener Charme*" des Astronomen Littrow in seiner Eigenschaft als zweiter Wiener Geschäftsführer 1832. Die Tagung war ernstlich bedroht, weil sich die meisten Gelehrten Wien ansahen und kein Interesse an hoher Wissenschaft im dumpfen Hörsaal zeigten. Zugegeben, der Zauber der Kaiserstadt und ihrer Menschen machte sich mehr bemerkbar als der anderer Städte.

Aus dieser Notlage konnte nur die Aufstellung eines sog. Damenprogrammes heraushelfen, welches denn auch Jahr für Jahr verfeinert wurde, und im Grunde einzig und allein zum Zwecke hatte, die Damen ausschließlich in ihrer eigenen Gesellschaft zu lassen, damit die Ehemänner und Väter von ihnen getrennt im Vortragssaal blieben.

15. Es kam erschwerend hinzu, daß viele Vorträge einfach miserabel waren, konnte doch jeder, so er eine Inaugural-Dissertation verfaßt hatte und „sich wissenschaftlich mit Naturkunde oder Medizin beschäftigt hatte", in der Versammlung auftreten und reden. *Enttäuschungen und herbe Kritik* konnte nicht ausbleiben, wenn „dürre Beobachtungen und magere, geistlose Folgerungen" vorgetragen wurden. So klagte der Münchner Arzt G. Ludwig Dieterich über seine Eindrücke, die er während der Mainzer Versammlung 1842 gewonnen hatte. Die Gesellschaft habe sich in den zwanzig Jahren ihres Bestehens nicht zeitgemäß entwickelt, sie sei zurückgeschritten, ja sie sei „ein Leib ohne Seele" geworden und müsse sich in einem „Fäulnisprozeß" auflösen. Noch schlimmer, sie sei ein „Institut für Tisch und Bett mit einem guten Weinkeller als Zwischenlage, mit Buffonerie und Bambocciade als Unterkissen" geworden. Herber und spitzer kann man sein Mißfallen nicht ausdrücken.

Die Gesellschaft war in eine innere Krise geraten; es herrschte das gesellschaftliche Ereignis über das wissenschaftliche. Es gab zu viele schlechte Vorträge von mittelmäßigen Männern. Die wenigen wirklichen guten, inhaltsreichen Vorlesungen (in des Wortes wahrer Bedeutung) konnten die Mühe der langen Reise und die Kosten nicht aufwiegen. Hier ist einer der Gründe zu finden, warum Oken jahrelang nicht mehr zu den Versammlungen kam. Er wußte, daß das alte Gefüge seiner Gesellschaft etwas in Unordnung geraten war. Um als Reformator seines eigenen Werkes aufzutreten, war er zu alt geworden. Rückblickend können wir aber doch sagen, daß der Kern der Veranstaltung gesund geblieben war, und daß das Niveau der Vorträge mit der Einführung der sog. „Sectionen" wieder stieg. Vor allem aber war es die „Idee des gemeinsamen Vaterlandes, das erwartungsvolle Aufblicken auf diesen geistigen Areopag Deutschlands", daß die Gesellschaft nicht auseinanderfallen konnte.

So fing man an, sich Gedanken zu machen, wie man die großen Aufgaben besser erfüllen könnte. Rudolf Virchow war es in erster Linie — gewiß neben anderen großen Männern —, der unsere Vereinigung aus dieser Krise führte, seitdem er sich 1858 in Karlsruhe zum ersten Male den Mitgliedern vorstellte. Er sprach dabei von unserer Gesellschaft als einer Art „ecclesia militans", die immer auf dem Platze sein müsse, um die wirkliche innere Einigung der Nation herbeizuführen, und Karl Vogt aus Gießen wünschte sich die Versammlungen „als Besen, um Ecken auszukehren und Spinnweben fortzuschaffen".

Alle diese großen, in der Geschichte der Gesellschaft wichtigen Vorgänge der Krise und deren Heilung werden verständlich, wenn man G. Ludwig Dieterich's „Briefe" liest. Die amtlichen Protokolle sind nämlich viel schweigsamer und trockener in diesen Punkten, weil sie diplomatischer und verantwortungsvoller abgefaßt werden mußten.

16. Mit Virchow beginnt eine neue Periode im Leben der Naturforscher- und Ärztegesellschaft. Sie führte sicher, wenn auch einige Male mit großen Schwierigkeiten und Widerständen bei der Suche nach dem rechten Wege in die heutige Zeit. Zwei Weltkriege erschütterten Europa und die Welt. Der Abstand von diesen Ereignissen ist noch so nahe, daß es schwierig wird, die wirklich wesentlichen Dokumente herauszufinden. Das soll einer späteren Generation vorbehalten sein. Die Welt ist vor allem vielfältiger geworden; die Akten werden zu Bergen; das Sichten nach dem Bleibenden wird schwieriger.

Nur zwei Reden der jüngsten Zeit seien wiedergegeben. Nach dem totalen Zusammenbruch Deutschlands 1945 mußte die Gesellschaft neu gegründet werden. Alliierte Gesetze der ersten Besatzungszeit lösten alle bestehenden Vereine und Gesellschaften auf. Sie mußten, wollten sie wieder ihre Tätigkeit aufnehmen, von neuem zugelassen werden. Unsere Gesellschaft wurde gleichfalls in den Strudel der großen politischen Ereignisse gerissen. Sie erfuhr am 16. Februar 1950 in Göttingen — juristisch gesprochen — ihre Neugründung. De facto aber ist es natürlich die alte Gesellschaft, welche nur ein Jahrzehnt durch der Zeiten Ungunst leblos sein mußte.

17. Die beiden Vorsitzenden der letzten Jahre vor dem Kriege, die Professoren von Bergmann und Kühn, im Zusammenwirken mit Prof. Butenandt, riefen die erste Nachkriegsversammlung nach München im Jahre 1950 ein. Der Bedeutung der Tagung entsprechend, beehrte der Herr Bundespräsident Prof. Dr. Th. Heuß diese Veranstal-

tung. Von nun an dürfen unsere Zusammenkünfte wieder wie einst in der „freien Atmosphäre der gemeinsamen Wahrheitsfindung" stattfinden. Auch *die Ansprache des Herrn Bundespräsidenten Heuß* gehört zu den Dokumenten der Geschichte unserer Gesellschaft, ebenso wie der *Festvortrag von Prof. Dr. Gustav von Bergmann.* Nur die Einleitung des Vortrages Bergmann's wird hier wiedergegeben, da darin der Toten gedacht wird, der vielen, vielen Toten, aber auch jener „großen Forscher, die in einem irregeleiteten Deutschland nicht bleiben wollten und bleiben konnten". Es sind mahnende Worte, die nicht vergessen sein sollen.

Der zweite Teil der Festschrift ist lesenswerten Erinnerungen von Besuchern früherer Tagungen entnommen. Wie war es doch, als unsere Väter noch Pässe brauchten, um von einem deutschen Lande in ein anderes zu reisen? Als es noch Brückenzoll kostete, als die Postkutsche noch mit vier Pferden bespannt vor einem Mauth-Hause hielt, und die Professoren weit geachtetere Persönlichkeiten als heutzutage waren? Die Bilder, welche uns in den Erinnerungen überliefert werden, stellen die gute, alte Zeit dar. Außer den hier wiedergegebenen Memoiren gibt es noch einige weitere Schilderungen von Tagungen des letzten Jahrhunderts. So sind z. B. die Erinnerungen von Carus zu nennen. Hier werden zwei vergessene Tagungsberichte herangezogen und im Auszug wiedergegeben. Keine Frage, daß die Lektüre viele Freude bereiten wird. Da der Herausgeber vorliegender Festschrift Geologe ist, hat er aus Zuneigung zu seinen alten Geognosten deren Erinnerungen gekannt und sie besonders herausgestellt.

18. Zum ersten Memoirenschreiber: Jakob Nöggerath, erster Geschäftsführer der Bonner Versammlung 1833, reiste zu vielen Tagungen. Er war ein treues Mitglied und seine Handschrift erscheint öfters in den lithographierten „*Eigenhändigen Unterschriften* der Herren Mitglieder der Versammlungen deutscher Naturforscher und Ärzte" (siehe Tafeln).

Nöggerath war Königl. Preuß. Oberbergrat und Professor der Mineralogie in Bonn. Sein „*Ausflug nach Böhmen*" zum Besuch der Prager Tagung 1837 wird in Briefen an einen gedachten Freund geschildert. Er wollte eigentlich schweigen, aber „die Lust des Erzählens vom Erlebten, Gesehenen, Erfahrenen" kam über ihn, denn es würde ihn „freuen, könne er Unterhaltung oder wohl gar Belehrung gewähren". Nun, er kann es wirklich, und wir folgen seiner Reise in das Alte Böhmen willig und gern.

19. Der zweite Chronist, der Stuttgarter Oberfinanzrat Friderich Eser, war eigentlich nebenberuflich ein Kunstkenner von Bedeutung, denn nicht umsonst ist er Ehrenmit-

glied des württembergischen Altertumsvereines geworden, und nicht umsonst erschien eine Biographie über ihn im katholischen Diözesanarchiv von Schwaben 1907, 40 Jahre nach seinem Tode. Durch seine Reisen zu den Kunstdenkmälern Europas ist der Kameralist nebenher Geologe und Botaniker geworden, und so kam er auch zu den Naturforscherversammlungen, um zu lernen. Ein Glück, daß der Amtsrichter P. Beck in Ravensburg dessen schöne Lebenserinnerungen 1907 veröffentlichte. Die Schilderungen Eser's „*Aus meinem Leben 1798—1873*" gehen nicht nur die Schwaben an. Es sind die Tagungen in Freiburg im Breisgau 1838 und in Graz 1843, welche reizvoll und mit viel Humor und Herzensgüte niedergeschrieben, uns alle ansprechen.
Nach der Lektüre dieser beiden Memoiren, weiß man, wie es auf den Tagungen um 1840 zuging. Vieles, sehr vieles an Einrichtungen sogar ist geblieben und hat den Wechsel der Zeiten überdauert. Manches ist anders geworden, sachlicher vielleicht, aber sicher nicht schlechter.

Den dritten Abschnitt bilden Auszüge aus einem „*Humoristischen Album* für die Mitglieder, Theilnehmer, Freunde und Freundinnen der 19. Versammlung zu Braunschweig 1841". Es werden „*Charaktere und Situationen*" geboten. Die Charaktere sind geblieben und die Situationen wiederholen sich in leichten Abwandlungen. Das Zeitlose spiegelt sich in einer Reihe kleiner Genrebilder. Der Verfasser — sagt er — sei Fachgenosse, der mit den andern „Wissenschaftsbrüdern forschte, aß, trank und tanzte und sich jetzt unter der Maske der Anonymität verbirgt".
20. Wir erleben zuerst die Vorbereitungen in Braunschweig; dann die Inskription beim „Secretair" im Empfangsbüro, die Teilnahme der Bevölkerung, welche durch einen Aufruf vom kommenden „Fest" unterrichtet wurde. Auch die Reaktion einer einfachen Frau auf diesen Aufruf hin ist festgehalten. Sie will partout einen Naturforscher ins Quartier, selbst wenn er nicht der „Allerklügste" sei und nur halbgelehrt.
Die Klassifikation der Naturforscher geht aber auch tiefer und stimmt auch noch heute ganz genau: Empiriker, Theoretiker, echte und halbechte und unechte Naturforscher. Ja, es gab schon damals „Mitläufer". Das ist also kein neues Wort und kein neuer Begriff, welcher durch unsere Erfahrungen seit 1945 mit der sog. „Entnazifizierung" neugeprägt wurde. Er ist älter als hundert Jahre.
Ein kleines Bild — an Stelle eines Scherenschnittes — zeigt uns die vornehmen Gebrüder Weber, von denen Wilhelm einer der „Sieben Göttinger" ist. Diese drei Brüder waren echte „Celebritäten", wie viele andere auch. Daneben gab und gibt es auch weniger

echte. Sehr wichtig sind und bleiben die menschlich-gesellschaftlichen Begegnungen abends bei Tisch, Wein und Tanz. Es wurde — eine Untugend — „gefachsimpelt" auch über die offiziellen Vortragsstunden hinaus. Es wurde Institutspolitik getrieben und getratscht. Ein kleiner Heiratsmarkt war auch dabei.
Kurz und gut, die schlecht beschreibbare Atmosphäre eines Kongresses ist sehr gut in diesen Blättern festgehalten, und der Herr Anonymus hält uns den hellen Spiegel unserer Tugenden und Untugenden während der Kongreßtage entgegen und sagt uns lachend: „Cosi fan tutti." So machten es alle, die vor uns waren, so ist es, und so wird es immer sein.
Wer kennt nicht das Gefühl beim Schlusse der Vortragswoche, jene Mischung aus Freude, daß alles gut ging und jenes Bedauern, daß es für dieses Jahr aus ist, und der Werkeltag beginnt. „Die Wissenschaft zieht sich in ihr stilles Heiligtum zurück.

Fuimus Troës!!"

Zum Schlusse sind im Teil vier der Festschrift zwei Verzeichnisse angehängt: *Ein Verzeichnis der hundert Versammlungen und ihrer Geschäftsführer*. Die Welt- und Wissenschaftsgeschichte spiegelt sich darin, Krieg und Pestilenz, traurige und schöne Jahre.
Auch das „*Verzeichnis der Vorsitzenden der Gesellschaft und deren erste und zweite Stellvertreter*", die es erst mit den neuen Statuten ab 1891 gibt, ist ein Dokument zur Geschichte der Gesellschaft Deutscher Naturforscher und Ärzte.
Wie viele gute Namen sind in diesen Verzeichnissen aufgeführt, Namen voll Stolz und Glanz, denen wir Nachfahren tiefen Dank schulden.

Mißglückter Versuch einer Gründung einer „Vaterländischen Gesellschaft der Aerzte und Naturforscher Schwabens" 1801—1805

(Aus dem ersten und einzigen Bande „Denkschriften der vaterländischen Gesellschaft der Aerzte und Naturforscher Schwabens". Tübingen. Cotta. 1805.)

Dem

Durchlauchtigsten Churfürsten

und

Herrn Herrn

Karl Fridrich

Marggrafen zu Baden und Hochberg; des Heil. Röm. Reichs Churfürsten; Pfalzgrafen bey Rhein; Fürsten zu Constanz, Bruchsal, Ettenheim; Landgrafen zu Sausenberg; Grafen zu Eberstein, Odenheim und Gengenbach; auch Salem und Petershausen; Herrn zu Rötteln, Badenweiler, Lahr, Mahlberg, Lichtenau, Reichenau und Oeningen ꝛc. ꝛc.

unserm Gnädigsten Churfürsten und Herrn Herrn.

Durchlauchtigster Churfürst, Gnädigster Fürst und Herr. Durch die schönen Fortschritte, die ähnliche wissenschaftliche Verbindungen in allen benachbarten Ländern unter dem Schutz und der Leitung ihrer Regierungen machten, angespornt, und in der reinsten Absicht, nur auf diesem Wege ebendiese Absicht zu erreichen, hat sich eine große Anzahl über ganz Schwaben verbreiteter Aerzte und Naturforscher zur Beförderung der Naturgeschichte ihres Vaterlandes vereinigt.

Euer Churfürstlichen Durchlaucht, Höchstwelchen das Glük der Menschen eben so nahe liegt, als Sie vorzüglicher Kenner und warmer Beförderer aller Geistesbildung sind, erlaubten dieser zu einem so schönen und nüzlichen Zwek sich bildenden Gesellschaft, höchst Ihren Nahmen an die Spitze Ihrer Mitglieder zu stellen. Diese huldvolle und gnädigste Theilnahme macht ihr's nun auch zur Pflicht, die ersten Früchte ihrer gemeinschaftlichen Bemühungen Euer Churfürstlichen Durchlaucht mit dem ehrfurchtsvollesten Zutrauen und der tiefsten Verehrung zu widmen.

Nehmen Eure Churfürstliche Durchlaucht diese ersten Beweise der Thätigkeit und des gemeinschaftlichen Eifers schwäbischer Gelehrten gnädigst auf. Wenn die Zahl, und die Auswahl der Gegenstände, wenn vielleicht auch der Fleiß und die Gelehrsamkeit, mit denen dieselben behandelt sind, auch nicht ganz dem hohen Zwek entsprechen, den die Gesellschaft sich vorgestekt hat: so hat man dies nicht den fehlenden Kenntnissen, nicht der allgemeinen Bereitwilligkeit der Gelehrten, sondern dem Mangel höherer Leitung und der Ermunterung zuzuschreiben, ohne welche die Naturwissenschaften eben so wenig gedeihen, als die Gesellschaften, die dieselben betreiben.

Möchten wir indessen so glüklich seyn, uns den höchsten Beyfall Euer Churfürstlichen Durchlaucht zu erwerben, wir würden einen wichtigen Schritt zur Erreichung unsers Zieles: die Sache dieses Instituts zur Sache des gesamten Vaterlandes zu machen, gethan zu haben glauben.

Wir sind mit dem reinsten Gefühl von Ehrfurcht und Verehrung Euer Churfürstlichen Durchlaucht unterthänigst gehorsamste Mitglieder der vaterländischen Gesellschaft der Aerzte und Naturforscher Schwabens.

Vorbericht

Die vaterländische Gesellschaft der Aerzte und Naturforscher Schwabens hat seit ihrer Entstehung das Publicum theils durch den Weg öffentlicher Blätter, theils durch besondere Anzeigen, von dem Zweke und dem bißherigen Erfolge ihrer Bemühungen unterrichtet; die Theilnahme, welche sie auf der einen Seite hiedurch zu erweken — wenigstens nicht *ganz* vergebens — sich bestrebt hat, hat ihr auf der andern Seite Verpflichtungen auferlegt, deren Erfüllung sie durch die Bekanntmachung der Arbeiten ihrer Mitglieder beabsichtigt.

Durch die Herausgabe des ersten Bandes der Denkschriften, deren Besorgung uns übergeben wurde, glauben wir unsern Mitbürgern die Beweise der fortdauernden Thätigkeit der Gesellschaft in die Hände zu liefern, und wir hoffen, daß sie sich durch diese ersten Früchte ihrer Arbeiten auch bei den eigentlichen Gelehrten des Inn- und Auslandes Ansprüche auf eine Aufmerksamkeit erworben habe, die sie sich bißher nur im Allgemeinen erbitten konnte.

Wir halten uns, als das Organ, durch welches hier die Gesellschaft mit dem Publicum spricht, für verpflichtet, einiges über den Bestand und die Lage unserer Gesellschaft zu bemerken. Diese Bemerkungen haben keineswegs den Zwek, das Urtheil der Critik über den wissenschaftlichen Werth der in dem vorliegenden Bande enthaltenen Abhandlungen zu bestechen, sie sollen vielmehr blos den Gesichts-Punct bezeichnen, aus welchem wir unser Institut im Allgemeinen beurtheilt und gewürdigt wünschen, und von welchem aus eine überhaupt wohlthätige Theilnahme des vaterländischen Publicums an demselben erregt werden kann.

Blos dem zusammentreffenden Eifer wissenschaftlich gebildeter Männer für die Bearbeitung der Natur-Geschichte und Arzneikunde hat die Gesellschaft ihre Entstehung zu danken, ihre erste Richtung konnte daher keine andere als eine wissenschaftliche seyn; zur Verbreitung einer allgemeinen Theilnahme standen uns keine anderen Mittel zu Gebote, als uns mit vielen, mehr oder weniger für diesen oder jenen Zweig des Wissens brauchbaren Mitgliedern zu verbinden; dadurch hoffen wir uns für die Zukunft in den Besiz einer hinlänglichen Menge von Materialien zur vollständigen Kenntniß unseres Vaterlandes zu sezen; nur von einer längeren Zeit können wir uns die Erfüllung unserer Erwartungen versprechen. Unsere Nachricht ans Publicum, die darinn enthaltene Aufforderung zu Beantwortung einiger Preisfragen und die Erscheinung der vorliegenden Schrift, werden wie wir hoffen, manchem unserer Mitglieder seine Zusicherungen ins Gedächtniß zurükrufen, und durch ihre Arbeiten werden wir in Stand gesezt werden, nicht nur blos den Gelehrten, sondern auch denjenigen zu befriedigen, dem es mehr um das practisch brauchbare zu thun ist.

So sehr diese Betrachtungen unsern Muth erheben, so dürfte dennoch die Hofnung, unserem lezten Ziele, der Beförderung des allgemeinen Wohls, immer näher zu kommen, so lange unsicher und schwankend bleiben, als unserem Institute nur die Anstrengungen und Aufopferungen zu Gebote stehen, welchen sich die einzelnen Mitglieder als Privatleute, unterstüzt von einigen edlen Beförderern des Guten, unterziehen können. So wahr es ist, daß die Cultur der Wissenschaften der freien Thätigkeit des gebildeteren Theils einer Nation überlassen bleiben muß, so wahr ist es auch, daß Aufmunterung von Seiten der Regierung mehr als alles andere diese Thätigkeit wekt,

Es soll sich regen, schaffend handeln,
Erst sich gestalten, dann verwandeln,
Nur scheinbar steht's Momente still.
Das Ew'ge regt sich fort in allen:
Denn Alles mufs in Nichts zerfallen,
Wenn es im Seyn beharren will!

GOETHE.

– es entbrennen im feurigen Kampf
die eifernden Kräfte,
Grofses wirket ihr Streit, Gröfseres
wirket ihr Bund.

SCHILLER.

		C. GESNER.		
	HEVEL.	COPERNICUS.	AGRICOLA.	
	SCHEUCHZER.		O. von GUERICKE.	
	J. G. GMELIN.	KEPLER.	RUMPH.	
	NIEBUHR.		STAHL.	
SCHEINER.	P. FRANZ.	LEIBNITZ.	F. HOFMANN.	MARIUS.
KÄMPFER.	SEGNER.		LAMBERT.	J. JUNG.
LIEBERKÜHN.	HEDWIG.	EULER.	T. MAYER.	J. F. MEKEL.
JACQUIN.	KRAMP.		R. und G. FORSTER.	C. F. WOLF.
J. C. FABRICIUS.	CHLADNI.	HALLER.	J. G. KARSTEN.	STOLL.
KLÜGEL.	SCHREBER.		REIL.	BERNOULLI.
BLOCH.	J. G. SCHNEIDER.	KANT	SEETZEN.	HENKEL.
WESTRUMB.	F. A. ARBOGAST.		J. F. PFAFF.	WENZEL.
J. GÄRTNER.	SCHRÖTER.	HERSCHEL.	WILLDENOW.	SCHEELE.
J. G. WALTHER.	J. C. BURCKHARDT.		J. W. RITTER.	KLAPROTH.
HINDENBURG.	BODE.	PALLAS.	J. G. TRALLES.	HORNEMANN.
F. T. SCHUBERT.	HEMPRICH.		J. B. RICHTER.	ESCHER.
FRAUENHOFER.	REICHENBACH.	WERNER.	GALL.	SPIX.

Im Königlichen Schauspielhaus zu Berlin trafen sich die Mitglieder der 7. Versammlung an einem Septemberabend 1828 zu dem großen Begrüßungsfeste unter dem Patronat des Königs von Preußen. „Der Saal und die Nebenräume waren festlich geschmückt und die Säulenreihe der Logen, dem Eingang gegenüber, durch Zwischensätze ausgefüllt, auf welchen man *transparente Inschriften und die Namen der berühmtesten nicht mehr lebenden deutschen Naturforscher und Ärzte* las.“ Aus: Amtlicher Bericht der Berliner Versammlung 1828.

daß sie allein im Stande ist, ihr eine bestimmte, und nirgends hin ausschweifende Richtung zu geben, und daß nur sie ihre Resultate wohlthätig für das Ganze benuzen kann. Nur die Regierungen sind im Besize der Mittel, sich von den Gebrechen des öffentlichen Wohlstands Kenntnisse zu verschaffen, und Fragen zu veranlassen, welche auf ihre Abhülfe Bezug haben; alle Fehler der Medicinal-Polizei, alle Mängel in der Benuzung der Producte eines Landes, können nur durch öffentlich angestellte Collegien erforscht, ohne höhere Erlaubniß nicht bekannt gemacht, ohne Bekanntmachung nicht mit andern und bessern Einrichtungen verglichen werden; gerade das, was am unmittelbarsten in das allgemeine Beste eingreift, wenn es ein Gegenstand der Bemühungen der Gelehrten wird, tritt aus dem Würkungskreise einer Privat-Gesellschaft hinaus, wenn er nicht durch die Autorität des Staats näher bestimmt und erweitert wird; wie kann sie, um einige Beispiele anzuführen, auf die Entfernung schädlicher Vorurtheile bei Menschen- und Thier-Epidemien hinwürken, oder wie die vorbereitenden Untersuchungen zu der endlichen, so sehr gewünschten Einführung allgemeiner Maase und Gewichte in unserem Vaterlande, anstellen, wenn die öffentliche Gewalt ihr nicht zu der Kenntniß der Thatsachen hilft, auf welche sich jede nüzliche Arbeit von dieser Art gründen muß? Und wenn es ihr auch gelänge, sich gehörig zu unterrichten, was nüzt am Ende die verhallende Stimme einer in den Händen von Wenigen bleibenden Drukschrift, wenn nicht eine höhere Instanz ihr Kraft und zwekmässige allgemeine Verbreitung giebt?

Ob unsere freiwillig entstandene Vereinigung, deren ganze Einrichtung wir mit einer Offenheit behandelt haben, welche dem Urtheile genugsame Data an die Hand giebt, dazu geeignet seye, Betrachtungen dieser Art bei den Regierungen unseres Vaterlandes zu veranlassen? darüber geziemt es uns nicht zu urtheilen, ob gleich die Gesellschaft, wenn sie sich ein solches Urtheil erlauben möchte, durch den hohen Beifall, der ihr bereits zu Theil geworden ist, gegen jeden Schein der Anmasung gesichert seyn könnte; indessen glauben wir in Hinsicht auf unsere eigenen Hofnungen noch das in Erinnerung bringen zu müssen, daß die Erfahrung hinlänglich und namentlich auch in Schwaben darüber entschieden hat, daß gelehrte Gesellschaften ohne Anerkennung und Unterstüzung vom Staate, nie von Dauer sind, sondern allzu abhängig von der Lage der einzelnen Mitglieder, und von den Veränderungen, die der Geist des Zeit-Alters erfährt, gewöhnlich mit ihren Stiftern wieder zu Grunde gehen; nur die Verfassung eines Volks erhebt sich über die Veränderlichkeit der einzelnen Generationen, und keiner Anstalt kann man einigen Bestand versprechen, wenn sich nicht die Regierung ihrer annimmt, und sie so den unbeständigen Einsichten und Absichten der Individuen entreißt. Dieser höhern Unterstüzung und Leitung verdanken die grossen wissenschaftlichen Institute in England, Frankreich, Schweden, und andern Ländern, ihre Dauer, ihr zwekmässiges Fortschreiten, und ihren unverkennbaren Einfluß auf die Verbreitung nüzlicher Kenntnisse und auf die Beförderung des allgemeinen Wohlstandes, und allerdings scheint eine solche Pflege noch weit mehr Bedürfniß in einem Lande zu seyn, dessen begüterte Eigenthümer selten eine gelehrte Bildung haben, und dessen Gelehrte selten in der Lage sind, sich ausschliessend mit der Cultur der Wissenschaften beschäftigen zu können. Die Beantwortung der Frage: auf welche bestimmte Art, und durch welche Organisation ein gelehrtes Institut in Schwaben mit dem Staate in Verbindung gesezt werden müßte, um diesem den grösten möglichen Vortheil zu bringen? kann gegenwärtig unsere Gesellschaft noch nicht beschäftigen, welche alle diese Untersuchungen der weisen Prüfung *höherer* Einsichten überlassen zu müssen glaubt; unser Geschäft sei es blos, durch gemeinnüzige Thätigkeit, deren Resultate wir von Zeit zu Zeit bekannt machen wollen, mehr unsere Absicht als uns selbst dem Vaterlande zu empfehlen, das der uneigennüzigen, talentvollen und unterrichteten Männer gewiß viele enthält, die sich an uns anschließen, und in jedem Falle ihre Belohnung in dem Bewußtseyn, das Gute befördert zu haben, finden werden.

Der Präsident und die redigirenden Mitglieder

Auszug aus: „Vorschläge zum Besten der Leopoldinisch-Carolinischen Akademie der Naturforscher, als hervorgehend aus dem Geiste ihrer Gründung zu einer deutschen Akademie"

(Journal für Chemie u. Physik. Hrsg. Dr. J. S. C. Schweigger. Band 23. S. 350ff. Nürnberg 1818)

Von akademischen Versammlungen der Naturforscher Deutschlands

Beförderung einer gegenseitigen Verbindung der Naturforscher Deutschlands ist, wie schon gleich anfänglich herausgehoben wurde, der Hauptzweck dieser uralten deutschen Akademie. Wir haben auch diesen Gegenstand, worin eigentlich das wahre Wesen unseres akademischen Vereins besteht, nun, wenn wir im Geiste der Begründer desselben handeln wollen, mit Berücksichtigung aufzufassen auf die gegenwärtig dargebotenen Mittel, diesen Haupt-Zweck der Akademie am leichtesten und vollkommensten zu erreichen. Jedermann giebt zu, daß sonst die briefliche Verbindung in Deutschland sehr erleichtert war, während diese nun schwerer, wenigstens kostbarer, ist. Dagegen ist aber nun, was sonst weit weniger der Fall war, das persönliche Zusammenkommen erleichtert, theils durch die Vervollkommnung der Straßen und manche andere Bequemlichkeiten des Reisens, die in älterer Zeit fehlten, theils durch den Sinn der Gelehrten selbst, die nicht mehr so schwer, wie sonst, von ihrem Studierzimmer zu entfernen sind, sondern bei denen es eine Art von Liebhaberei geworden ist, Reisen zu machen, eine Neigung, welche nicht anders als höchst vortheilhaft der Naturforschung seyn kann.

Im Geiste der Stifter unserer Akademie müssen wir daher an jene nun nicht mehr ausreichenden, ja sogar in mehrerer Hinsicht erschwerten, brieflichen Unterhaltungen, nothwendig persönliche Zusammenkünfte anschließen, in derselben Art, wie diese von den Schweizerischen Naturforschern jährlich gehalten werden.

Ich schlage vor, alle *zwei* Jahre solche zu veranstalten.

Der *Ort* dieser Versammlung braucht nicht jedesmal der Ort zu seyn, wo der Präsident wohnt (doch muß dieser durch irgend ein Mitglied die Anordnung zum Empfange der übrigen treffen), sondern, es werden am besten große Städte gewählt, wie Berlin, München, Wien, überhaupt Orte, wo reiche gelehrte Apparate für Naturwissenschaft sich vorfinden, und wohin also der Gelehrte zu reisen ohnehin Lust und Interesse hat.

Der Zweck dieser Versammlungen ist analog dem, welchen die Naturforscher der Schweiz bey den ihrigen haben.

a) Es wird ein vom Präsidio (d.h. dem Präsidenten mit seinen Adjuncten in allen einzelnen Fächern) verfaßter Bericht über die *Fortschritte der Naturwissenschaft in Deutschland gelesen*. Die Mitglieder sind aufzufordern Zusätze und Bemerkungen beizufügen, welche ihnen nöthig scheinen. Der Bericht wird alsdann gedruckt.

b) Es geht schon aus dem gleich anfänglich angeführten Gesetze 10. deutlich hervor, daß unsere Akademie sich nicht blos einseitig um die Abhandlungen bekümmert, welche ihr zur Mittheilung in ihren Denkschriften (Actis) vorgelegt werden, sondern jedes gelehrte naturwissenschaftliche Werk eines ihrer Mitglieder unterstützt, es mag dieses publicirt werden, wo und wie es will. Die vorgeschlagenen Zusammenkünfte können indeß bequem auch dazu benützt werden, um die vom Präsidenten vorbereitete Auswahl aus den eingesandten Abhandlungen den versammelten Mitgliedern vorzulegen, ehe der Druck eines neuen Bandes der Denkschriften beginnt.

c) Der wichtigste Zweck aber dieser Versammlungen soll, weil Autopsie in der Naturwissenschaft die Hauptsache ist, Vorzeigung und Prüfung neuer Beobachtungen und Versuche seyn.

2*

Künftighin, wenn die durch nachher vorzuschlagende Mittel vermehrten Einkünfte der Akademie es erlauben, soll denen, die ausgezeichnete neue Erfindungen mittheilen, oder Abhandlungen vorlegen, welche den Beifall der Akademie im hohen Grade verdienen, oder auch sonst ausgezeichnete medicinische und naturwissenschaftliche Schriften in unserm Vaterland herausgegeben haben, bey einer solchen Versammlung eine den Dank der Gesellschaft ausdrückende Belohnung, oder sonst irgend eine ehrenvolle Auszeichnung zuerkannt werde. Vorläufig mögen wenigstens den Beifall der Akademie zu erkennen gebende Schreiben dienen, welche bei einem noch ungedruckten ihr mitgetheilten und von ihr belobten Werke so abgefaßt seyn sollen, daß sie demselben vorgedruckt werden können, wenn solches der Verfasser, oder Verleger, für gut findet.

d) Es gehört nothwendig zum Begriff einer Akademie, (was eben bei jenen zweijährigen Zusammenkünften der Naturforscher vorzüglich beabsichtiget wird) daß in ihr mehrere Männer von ganz demselben Fache sich zusammen finden, damit die im geschlossenen Kreise gehaltenen Vorlesungen nicht blos zu Selbstgesprächen werden und bei zur Beurtheilung mitgetheilten Abhandlungen nicht lediglich eine einzige Stimme es sei, welche darüber entscheidet. Unsere Gesellschaft hat so zahlreiche Mitglieder in jedem Fache, daß in wichtigeren Fällen, wenn das Urtheil zweier zur Beurtheilung einer eingesandten Schrift aufgeforderten Gelehrten nicht genügen sollte, sehr leicht noch andere von ganz demselben Fache zur Revision des Urtheils vom Präsidenten aufgefordert werden können. Ebenso finden sich bei Akademien in Städten wie Paris und London von selbst immer mehrere Männer desselben Faches zusammen. Ganz anders aber ist es in diesem Puncte bei den meisten mitunter weit reicher, als die Londner, ausgestatteten Localakademien in unserm Vaterlande. Und eben deswegen sind solche größere akademische Versammlungen der Naturforscher, wie sie hier beabsichtiget werden, um das schnellere Durchdringen des Wahren und Rechten zu befördern, ein sehr dringendes Bedürfniß für deutsche Wissenschaft, wenn diese mehr Unabhängigkeit von dem sie öfters nur durch vereinte Stimmenzahl übertäubenden Auslande gewinnen soll.

e) In so hohem Grad ist bisher der Mangel an einem wissenschaftlichen Vereinigungspuncte nachtheilig der Naturwissenschaft in Deutschland gewesen, daß die wichtigsten Entdeckungen und Erfindungen oft viele Jahre lang in einem unverdienten, Erfindungen und Erfinder niederdrückenden, Dunkel blieben. So mußten die Gesetze eines Richters (des Keplers der Chemie) erst ins Ausland übergehen, um im Vaterland endlich anerkannt zu werden. So würden die herrlichen Entdeckungen von der Lichtpolarisation schon seit einigen Decennien bekannt seyn, wenn man den merkwürdigen Erfahrungen des Pfarrers Schülen die verdiente Aufmerksamkeit gewidmet, ja nur angesehen hätte, was er vorlegte, weil dadurch schon selbst das Nachdenken wäre erregt worden. So wissen wir zur Stunde noch nicht recht, was von Winterl's Versuchen zu halten sey, wozu bloß nöthig gewesen wäre, daß man ihn gebeten hätte, sie einigen zur Untersuchung der Sache von einer deutschen Akademie beauftragten Naturforschern selbst vorzuzeigen. Ich bin gewiß, daß jedes von den Mitgliedern der Akademie diese Beispiele mit neuen aus seinem Fache genommenen, wird vermehren können, und zwar mit viel zahlreicheren, als solche von andern Ländern anzuführen sind, was um so unausstehlicher, da selbst das unbedeutende Ausländische nicht selten in Deutschland eine übertriebene Beachtung findet.

f) Es versteht sich, daß diese Versammlungen auch benutzt werden zur gemeinschaftlichen Berathung über alle wichtigen Angelegenheiten der Akademie z. B. wenn ein neuer Präsident gewählt werden soll und neue Adjuncten desselben, wozu die nicht anwesenden Mitglieder ihre Stimme schriftlich einzusenden haben.

Schon der Zweck dieser Versammlungen macht übrigens den Präsidentenwechsel nothwendig, indem wohl schwerlich es gewünscht wird, daß ein und derselbe Gelehrte, so schätzenswerth er sey, da er doch immer nur ein einziges Fach umfassen kann, beständig hiebei den Vorsitz führe. Es wird genug seyn, wenn, während bei den Schweizern in jeder Jahres-Versammlung ein neuer Präsident gewählt wird, bei uns ein und derselbe Präsident zwei solchen Versammlungen vorstehe und also *vier Jahre* lang sein Amt verwalte. Er kann indeß, wie sich von selbst versteht und wie schon erwähnt wurde, nach diesen vier Jahren wieder aufs Neue durch die eingeholten Stimmen aller deutschen Mitglieder gewählt werden, so wie dieß gleichfalls bei den Adjuncten der Fall ist.

g) Auch dies ergiebt sich von selbst, daß jeder, welchem der gewählte Ort irgend einer solchen Versammlung zu entfernt seyn sollte, um dahin zu reisen, schriftlich einsenden wird, was er vorzulegen wünscht. Es kann hier natürlich nicht, so wenig als solches in der Schweiz der Fall, von Entschädigung der Reisekosten die Rede seyn, sondern es muß darauf gerechnet werden, daß Gelehrte, besonders Naturforscher, ohnehin wohl alle zwei Jahre eine Reise machen und Städte, welche manches für ihr Fach Interessantes enthalten, besuchen mögen. Vermehren sich indeß einmal die Einkünfte der Akademie, so wird es gut seyn, die Sitte anderer Akademien nachzuahmen, der gemäß die an den Arbeiten theilnehmenden Mitglieder für jede einzelne Sitzung eine Denkmünze erhalten. Diese Denkmünzen sollen von Golde seyn, im Werth einer Ducate wenigstens ausgeprägt, mit dem Symbol der Akademie auf der einen Seite und auf der andern (so ferne dazu die erforderliche Genehmigung eingeholt) mit dem Bildnisse eines ihrer erhabenen Beschützer bezeichnet, in dessen Hauptstadt der akademische Verein Statt findet. Sie sollen aber zunächst nur denjenigen Mitgliedern, die aus einiger Entfernung zu dem Verein herbeikamen, überreicht werden.

Uebrigens ist es nöthig, damit jeder wisse, was er in wissenschaftlicher Hinsicht zu erwarten habe, und wenn über etwas entschieden werden soll, wobei alle Mitglieder zu hören sind, wenigstens schriftlich seine Stimme abgeben könne, daß der Präsident durch ein Programm vorher die Hauptgegenstände bekannt mache, über welche, gemäß den ihm zuvor mitgetheilten Nachrichten, verhandelt werden soll in jenen Versammlungen. Diese werden jedesmal auf den Zeitraum von höchstens 10—14 Tagen sich beschränken. Während dieser Zeit sind täglich Sitzungen zu halten, die sich theils auf die der Gesellschaft eigenthümlichen, theils auf allgemein wissenschaftliche Angelegenheiten beziehen. In den ersteren giebt der Präsident Rechenschaft von dem, was er bisher zum Besten der Gesellschaft gethan habe; dasselbe liegt den Adjuncten ob; neue Mitglieder werden gewählt, Vorschläge zum Besten der Gesellschaft angehört und geprüft. Zu den letzteren, lediglich für wissenschaftliche Vorträge bestimmten, Sitzungen können auch Fremde, jedoch von Mitgliedern eingeführt, Zutritt haben. An jede Sitzung reiht sich eine bloß zur freien wissenschaftlichen Unterhaltung bestimmte Gesellschaft. Mitglieder, welche mit der Prüfung neuer der Akademie vorgelegten Erfindungen u.s.w. beauftragt sind, treten besonders zusammen und erstatten dann, wenn die Arbeiten auch nicht sogleich ganz beendiget werden können, wenigstens einen vorläufigen noch nicht zu publicirenden Bericht in einer der letzten Sitzungen.

Der Präsident hat den Ort der Versammlung in seinem Programme zu bestimmen, so wie die Zeit derselben. Am besten wird jedesmal der Monat gewählt, in welchen der Geburts- oder Namenstag eines Monarchen fällt, in dessen Hauptstadt sich die Naturforscher zu versammeln wünschen, damit von der Akademie zugleich das Fest eines ihrer erhabenen Beschützer gefeiert werde, und zwar gefeiert durch eine ganze Reihe von wissenschaftlichen Sitzungen. —

Auf daß übrigens, den uralten Gesetzen unserer deutschen Akademie der Naturforscher gemäß, alle im Vaterlande zerstreuten Sammlungen von jedem Mitglied um so leichter benutzt werden können, habe ich noch zu sprechen . . .

Sollte es nun wohl diese unsere deutsche Academie, unter dem Schutz ihrer erhabenen Fürsten und in Verbindung mit den edelsten Gönnern und Freunden der Wissenschaft nicht endlich so weit bringen können, um, wenn auch nicht Unternehmungen gleich einer „ostindischen Compagnie“ doch ähnliche wie einige engländische Kaufleute, welche im Jahr 1607 die erste Expedition nach dem Nordpol ausrüsteten, beginnen zu können? Nicht so weit wenigstens, als ein und die andere Missionsgesellschaft, welche in alle Welt aussendet ihre Reisenden, und mit der sie — wir wollen es nicht übersehen — forschend in dem großen Buche der Natur, ein verwandtes Ziel hat. Denn das erste Ziel unserer Akademie, was sie als leitenden Stern immer im Auge behalten soll, ist nach den Worten ihrer uralten Gesetze, kein anderes, als: „gloria Dei.“

Mög' in solchem Sinne diese das ganze deutsche Vaterland umfassende Akademie ein neues Leben beginnen!

Erlangen am 18. Oct. 1818 — Dr. J. S. C. Schweigger
als Adjunct des Präsidiums der Akademie

Nachschreiben

Indem der Verfasser diese Vorschläge vorlegt, verkennt er die Zeit nicht, in welcher wir leben. Er weiß es nur allzugut, und hat es schon auf das empfindlichste erfahren, wie viel leichter in unsern Tagen Eigennütziges durchzusetzen sey, als Gemeinnütziges, welchem die sinnloseste Art von Gespensterseherey überall Schwierigkeit in den Weg zu legen weiß. Das Falsche nämlich ist seiner Natur nach mißtrauisch dem Wahren, das Geschminkte dem Ungeschminkten. —

Auszug aus:
„Neueste Verhandlungen der Leopoldinisch-Carolinischen Akademie der Naturforscher“

(Journal für Chemie und Physik. Hrsg. J. S. C. Schweigger. Bd. 23. 1818. S. 346 u. 347)

... Ich freue mich daher herzlich, wenn ich einen redlichen Gegner der Akademie auftreten sehe, und bitte nur den Himmel, daß er ihr ihr eigentliches Forum, die wissenschaftliche Untersuchung und Prüfung der Wahrheit und des Rechten nach Gründen, und die Kraft der Ueberzeugung nicht vor ihrem Tod entziehe.

Aber doppelt erfreulich ist mir's doch, wenn mir in freundschaftlicher Absicht und mit aufrichtiger Beziehung auf das Gute und auf das Heil und den Flor der Naturkunde in deutschen Landen ein Freund mit Rath und Vorschlägen entgegenkommt, die zu höheren Ansichten führen, so ohngefähr wie mir dieses von der folgenden Abhandlung

meines Freundes Schweigger zu gelten scheint, mit dem ich hier zum erstenmal, aber, wie ich hoffe, nicht zum letztenmal Hand in Hand auftrete.
Mit dem Verfasser wünsche auch ich motivirte, durch Gründe unterstützte Urtheile für oder wider, damit man einig werden könne, denn wo nur ein Verstehen Statt findet, da kann man sich auch einverstehen.
Bei der Beurtheilung möge man aber doch ja die *Idee* von dem, was man für ausführbar oder unausführbar zu halten geneigt ist, wohl unterscheiden, und sich in Bezug auf den zweiten Punct hüten, sich nicht von der bloßen Bequemlichkeit herkömmlicher Ansichten verleiten zu lassen, das Leichte schwer und das Schwere leicht zu finden. Auch hier werden Gründe den Einwürfen Klarheit geben, und die wechselseitige Berichtigung möglich machen.
So dürfte z. B. Manchem der Vorschlag, alle zwei Jahre Zusammenkünfte nach Art der Naturforscher in der Schweiz zu halten, vielen Schwierigkeiten unterworfen zu seyn scheinen, und doch liegt hier alles fast einzig und allein nur an dem Eifer für die gute Sache, indem keinesweges von einer Zusammenkunft aller Naturforscher Deutschlands, aber wohl solcher die Rede ist, welche ohnehin, jedesmal nach zwei oder drei Jahren eines auf einen engeren Kreis beschränkten Lebens, kleine Reisen innerhalb der Grenzen des Vaterlandes zu machen gewohnt sind, — und die Anzahl dieser ist schon groß genug.
Wie viel sich auch ohne Reichthum, ja in wahrhaft philosophischer Armuth, zum Besten der Wissenschaft thun lasse, hat selbst die Akademie der Naturforscher bewiesen, die bis zum Jahr 1737 ohne alle Einkünfte, bloß von freiwilligen Beiträgen und einem Ducaten für die (nicht freigebig gespendeten) Diplome, ihre weitläufige Correspondenz unterhielt, ihren damals ansehnlichen Rang ehrenvoll behauptete, und zahlreiche Bände von Ephemeriden und Verhandlungen (Acta) ans Licht stellte . . .

Erlangen den 31. Oct. 1818 Dr. Nees v. Esenbeck
Präsident der Akademie

L. Okens erster Aufruf zur „Versammlung der deutschen Naturforscher"

(Isis, Jahrg. 1821, Band 1; Litterarischer Anzeiger, Spalte 196—198)

Seitdem die Versammlungen der schweiz. Naturforscher durch ihre löbl. Bestrebungen und große Wirksamkeit sowohl zum Nutzen der Wissenschaften als auch des Staats, die Augen aller Gebildeten von ganz Europa auf sich gezogen haben, ist auch in Deutschland von vielen Seiten der Wunsch rege und lebhaft geäußert worden, man möchte auf eine ähnliche Art zusammentreten, und in jährlichen Versammlungen sich dasjenige mittheilen, was man in der Zeit gedacht und gethan; man möchte seine Zweifel den Männern vom betreffenden Fache vorlegen, um sich Raths zu erholen, oder um andere, deren Lage oder Talente dem Gegenstande günstiger sind, zur Untersuchung anzuregen; man möchte endlich durch die vielen persönlichen Bekanntschaften einen milderen Ton in der Litteratur bewirken, indem Menschen, welche sich von Angesicht zu Angesicht gesehen und gesprochen haben, auch in der Entfernung, wenn eben nicht eine besondere Hochachtung, doch eine Art Scheu behalten, welche sie hindert, litterarische Arbeiten mit Bitterkeit zu beurtheilen.

Daß diese Vortheile von dem größten Nutzen, und daher wohl die Kosten werth sind, welche die Reise zur Versammlung verlangt, ist jedem Gebildeten klar, und bedarf keiner Auseinandersetzung; auch sind uns darüber so viele zufriedene Stimmen zugekommen, daß wir wohl sagen können; *solche Versammlungen sind der allgemeine Wunsch der deutschen Naturforscher.*

Dessen ungeachtet sah man bisher keine Anstalten dazu. „Woran liegt es?“ sind wir schon oft gefragt worden. Da es das Wohl der Wissenschaft, das Wohl und die Ehre des deutschen Vaterlandes, selbst das bessere Verhältnis der Freunde der Natur unter sich selbst gilt; so wäre es sehr verkehrt, hier nicht die eigentliche Ursache, welche die Ausführung eines so edeln Wunsches bisher unthunlich machte, unumwunden darzulegen.

Der Grund, warum bis jetzt keine Anstalten zu den Versammlungen der deutschen Naturforscher getroffen worden, lag in der Angst, *es möchten verschiedene unwissenschaftliche Köpfe auch hier eine heimliche Verbindung wittern, die Versammlung von Menschen aus allen deutschen Landen überhaupt ihren kurzen Ansichten unangemessen finden, und sie daher bei den Regierungen anschwärzen.*

Da wir ebenso gut als jemand anders glauben wissen zu können, es seyen diese Besorgnisse nur leere Träumereyen derjenigen Menschen, die leider nichts edleres zu thun wissen, als von sich und über andere zu träumen; so haben wir in dieser Ansicht nie eingehen können, und uns daher nie gescheut, bei jeder Gelegenheit in der *Isis* die Versammlungen zu betreiben; jedoch bis jetzt nur mit so viel Ernst als nöthig war, um sie nicht in Vergessenheit gerathen zu lassen.

Da nun die Regierungen über obige Beschuldigungen hinlänglich im Klaren sind, und sie auch die Beschuldiger zum Stillschweigen verwiesen haben, auch uns in der ganzen gebildeten Welt, und in der barbarischen noch weniger, nicht mehr als *ein* Beispiel bekannt ist, wo eine Gesellschaft von Naturforschern durch die Macht unterdrückt worden ist (die vaterländische der Naturforscher Schwabens nehmlich); so darf man mit Zuversicht annehmen, daß die deutschen Regierungen nunmehro mit Vergnügen eine Zusammenkunft der deutschen Naturforscher sehen, billigen und nöthigenfalls selbst unterstützen werden.

Es ist wohl jeder zu der Ueberzeugung gelangt, daß weder der Einzelne, noch selbst die einzelnen naturforschenden und ärztlichen Gesellschaften in Deutschland im Stande sind, etwas Erkleckliches in ihrer Wissenschaft zu leisten und zu Tage zu fördern. Jener bleibt gewöhnlich im engen Kreise seiner Arbeit, in die er anfänglich gerathen ist, lebenslänglich stecken, weil es ihm an Anregung fehlt; diese finden keine Verleger, weil das kleine Publicum, welches noch Sinn für die Natur hat, nicht hinlänglich Abnehmer enthält. Hat man sich von Angesicht zu Angesicht gesehen, so ist eine Vereinigung zu einer gemeinschaftlichen Herausgabe des Besseren, was Jeder oder jede Gesellschaft hervorbringt, das Geschäft einer freundlichen Stunde. Doch dieses ist ein Gegenstand, der, wie so viele andere, in Gemeinschaft besprochen werden muß. Hier daher nur soviel als nöthig ist, damit diejenigen, welche nach Leipzig kommen wollen, sich eine Ansicht von der Sache verschaffen und das mit bringen können, was sie zu ihrem Zwecke bedürfen.

1. Da die Mehrzahl der Naturforscher und Aerzte, welche zur Versammlung kommen werden, ohne Zweifel aus *Professoren* besteht; so muß sie in eine Zeit fallen, wo alle abkommen können. Dieses ist aber offenbar der *September.*

2. Da Ende Septembers zu Leipzig die *Michaelismesse* anfängt, wodurch die Wohnungen theils weggenommen, theils vertheuert werden; so muß die Versammlung vor der Messe beendigt seyn. Der Anfang muß noch näher bestimmt werden, nachdem mit den Leipziger Naturforschern Rücksprache genommen ist, als welche am besten werden angeben können, welches die gelegenste Zeit ist.

3. Die Versammlungen müssen wenigstens 8 *Tage* dauern.

4. Es wird in der ersten Versammlung ein *Vorstand* und ein *Schreiber* gewählt, damit die nöthigen Anordnungen gehörig besorgt werden.

5. Jeder, der irgend eine Entdeckung gemacht, der etwas besser geordnet hat, der Vorschläge zu nöthigen Untersuchungen zu machen weiß, trägt solches in den Versammlungen vor.

6. Es versteht sich wohl von selbst, daß der Physiker und Chemiker nach einem Orte wie Leipzig nicht nöthig hat, Apparate mitzubringen. Die Idee im Kopfe, oder die Abhandlung in der Tasche und ein freundliches Gesicht, ist hinlänglicher Reiseapparat.

7. Da die Versammlung nicht bloß gelehrte Mittheilungen zum Zwecke hat, sondern auch vorzüglich eine bessere Stellung der Gelehrten unter einander, ein Kennen lernen von Angesicht, Stimme und Rede; so ist zu wünschen, daß man wenigstens Abends sich miteinander zu Tische setzt, damit die Unterhaltung sich auch auf die Gegenstände des Lebens verbreite, und die Bekanntschaften zahlreicher und inniger werden.

8. Alles übrige, wie die Zeit und der Ort der nächsten Versammlung, die Wahl des nächsten Vorstandes, die etwaige Herausgabe eines gemeinschaftlichen Werkes, der Plan gemeinschaftlicher Arbeiten, besonders so nöthig in der Physik und Chemie, sei ein Gegenstand der Leipziger Verhandlungen.

Bis jetzt sind uns etwa ein Dutzend Naturforscher und Aerzte bekannt, welche hinkommen wollen; sobald sich mehr gemeldet haben, werden sie bekannt gemacht; es wird mit den Leipziger Naturforschern Rücksprache genommen, und dann der Tag und Saal der ersten Versammlung bestimmt. [Oken]

Als Vorstehendes abgedruckt war, lief folgender Aufsatz ein:

Einige Worte über die in Vorschlag gebrachte Zusammenkunft der deutschen Naturforscher

(Isis 1821. Band 1. Litt-Anz., Spalte 198—202)

Die jährlichen Versammlungen der Schweizerischen Naturforscher sind mit dem Christfeste zu vergleichen. Alt und Jung freuen sich das ganze Jahr auf diese Zeit, jeder schenkt und nimmt was man hat und giebt, und der vorbeiziehende Fremdling sieht den brennenden Christbaum, freuet sich auch, und geht nach Hause mit dem Vorsatz, ebenfalls einen anzuzünden.

Wie machen es denn die Schweizer, daß sie alle mit gleicher freudiger Theilnahme ihre Zusammenkünfte wie Feste feiern?

Sie sind freie Privatleute, weder jemals um das Reisegeld noch um die Zeit zur kleinen Lustreise verlegen, brauchen weder auf Ferien zu warten, noch Urlaub zu nehmen. Weder hat einer dem andern eine feinselige Recension vorzuwerfen, noch den Rang streitig gemacht, oder eine Idee oder Entdeckung zuvor weggenommen, oder ist ihm bei einem vortheilhaften Ruf in den Weg getreten. Sie sind vielmehr sämtlich gute Freunde, Nachbarn, Gevattern, Schwäger und Geschwisterkinder. Daher kommen sie denn als eine Familie zusammen, halten Familienrath, und erzählen sich was jeder gesehen und gethan. Der classische Boden ihres Vaterlandes ist das Buch, in welchem jeder gelesen hat, und dessen Erforschung interessirt, bis ins Einzelnste, alle gleichviel. Sie wollen nicht von einander Großes und Unerwartetes vernehmen, sondern sich der Erkenntniß ihrer Natur in möglichster Vollständigkeit, fördernd, ermunternd, verbessernd und helfend, erfreuen. Die Mitglieder des Versammlungsortes machen die freundlichen Wirthe, die andern sind die zufriedenen, willkommenen Gäste.

So wollen wir es in Deutschland auch machen! sagte die *Isis* bei jeder Gelegenheit, wo sie die Verhandlungen der Schweizer mittheilte, sagte der wackere Schweigger in seinem Journal der Chemie, sagte der treffliche Bojanus und andere fassen den Gedanken auf und wollen kommen. Die Isis fragt nun Jeden ernstlich, ob er es auch wirklich wolle.

Da nun Jeder gefragt ist, so kann auch Jeder antworten. Ich für meinen Theil beneide die Schweizer und möchte gar gerne dabei seyn. Bedächtlichkeit ist aber bekanntlich eine Eigenschaft der Deutschen, und wo Licht ist, ist auch Schatten. Daher will ich vorerst einige Fragen thun. — Können wir es denn auch wirklich so machen wie die Schweizer? — Wer? Wo? Wie und auf was Weise? —

Die Schweizer machen es so, weil sie Schweizer sind und in der Schweiz wohnen. Wir sind aber Deutsche und wohnen in Deutschland. Deutschland ist groß, weit und getheilt, voll von Universitäten und Professoren, voll Priorität und Anticipation von oben bis unten, voll von rühmlichem und unrühmlichem Wettstreit. In der Schweiz ist nur eine naturforschende Gesellschaft; in Deutschland hat jeder in seinem Lande Academien und Gesellschaften so viel er nur wünscht und bisweilen noch mehr. Wenn er nur die Stiefel anzieht, kann er alle Wochen hingehen und sich vorlesen lassen und selbst lesen nach Herzenslust. Die auswärtigen Mitglieder sind auch zu diesen Sitzungen geladen, kommen aber in der Regel nicht, weil jeder glaubt, er könne in seinem Hause mehr thun als außer dem Hause, zumal wenn er sein Geld auf der Reise verzehrt habe. Es scheint überhaupt, als habe Deutschland zwar Willen und Thatkräfte in den Wissenschaften für ganz Europa, aber gemeinsame Mittel kaum für ein Dorf.

Wer wird und soll kommen? Jeder. — Wer ist Jeder? — der der Lust hat und der keine Lust hat, der Nahe und der Ferne, der Reiche und der Arme, der Freund und der Feind, der Arzt, der Naturphilosoph, der Chemiker und Botaniker, der Physiker und Zoolog, der Mineralog und Anatom, kurz jeder, der sich mit Naturwissenschaften beschäftiget;

Jeder der sich vernehmlich machen will, weil es mit Schreiben nicht gieng, oder weil er besser spricht als er schreibt, oder lauter schreyt.
Jeder wird auch nicht kommen; — der Auflaurer, der in der Ferne schärfer sieht als in der Nähe; die Katze hinter dem Berge, die auf ein spielendes Mäuschen lauert; derjenige der kein Reisegeld hat und der es hat, aber es lieber im Bade verzehrt. Der Fleißige und der Faule; der keinen Urlaub und Paß hat; der da fürchtet, *nicht* glänzen zu können, und der nachher glaubt hören zu müssen was er besser weiß, oder was ihm lange Weile machen könnte, — der seines Staats Gesinnungen kennt und der sie nicht kennt. —
Wo sollen die Versammlungen gehalten werden? An demjenigen Orte, welche die Stimmenmehrheit bestimmt, also an demjenigen der Jedem am bequemsten ist. Soll die *Isis* die Stimmen sammeln, so wird sich eine kleine Mehrheit nach ohngefähr zehn Jahren für einen Ort vereiniget haben, und die andern, deren Meinung nicht durchgieng, bleiben zu Hause. Die französischen Zeitungen erzählen sodann, die Deutschen hätten sich zehn Jahre lang über eine Zusammenkunft berathen, und neun Mann wären wirklich im zehnten Jahr zusammengekommen. Das wäre ärgerlich. Noch schlimmer aber wäre es wenn sie alle kämen. Da müßte in Schweinfurth ein Lager geschlagen und in Leipzig bei den Bürgern einquartiert werden, es entstünde Theuerung in der Stadt, und die Gensdarmen müßten aufsitzen um Ordnung zu halten.
Was sollen wir denn beisammen, wie und auf was Weise soll was gemacht werden? Eine angekündigte Versammlung der deutschen Naturforscher kann schon des Anstandes wegen nicht bloß deßhalb zusammenkommen, um ein fröhliches Mahl zu halten und ums Thor spazieren zu gehen. Jeder der fünfzig, ja hundert Meilen weit hinreiset, erwartet was Großes, die ganze Nation, ja ganz Europa erwarten die wichtigsten wissenschaftlichen Resultate. Das Ganze muß auch Art und Form haben, damit es ordentliche Zeitungsartikel gibt, die man ins Französische und Englische übersetzen kann. Auch dürfte hier und da in der jetzigen Zeit offiziell gefragt werden, was man gemacht habe. — In den ersten sechs Tagen wäre daher über die Wahl eines Versammlungssaales und über die Form zu berathen, und wer am siebenten abreisen wollte, müßte nothwendig noch einen zugeben, um zu zeigen, daß er bescheiden genug sey, im Vortrag der Letzte seyn zu wollen. Hierauf würde ohne Zweifel vorgelesen, was die Isis zu Hause und Hof bringen könnte, und was für zehn Chemiker Interesse hat, für fünfzig Botaniker aber höchst langweilig ist. Daß auch recensiert werde ist ganz unnöthig, geschieht ohnedem; auch käme nicht viel dabei heraus, weil die meisten den Verfasser nicht gerne wissen lassen ,daß sie so und so von seiner Arbeit denken. Das

Disputieren über einen wissenschaftlichen Gegenstand, was sehr nützlich und erfrischend wäre, müßte wohl schon im voraus gesetzlich verboten werden, wegen des großen Tumultes, der entstehen würde, wenn Jeder daran Antheil nehmen wollte. Eigentlich wären nur die an ihrem Platze, die was zu zeigen und zu sehen Lust hätten. Allein leider kann jeder nur sein eigenes Geweih auf der weiten Reise mitnehmen, nicht aber den versteinerten Elk, Schelk und Uhr, Batterien, Retorten und Bibliotheken.

Das Erfreuliche, welches ein Kreis von Freunden, die ihr Leben gemeinschaftlichen Zwecken gewidmet haben, darbietet, wo einer dem andern Ermunterung wäre, wo jeder des andern Arbeit mit neidloser Gerechtigkeit förderte, würde größtentheils verloren gehen, weil Jeder ein Theil seines Ichs, seinen Schlafrock und seine Werkstätte, zu Hause gelassen hat, und jetzt seinen steifen Sonntagsrock trägt, welchen man in Acht nehmen muß, damit die Gesellschaft daran keine Flecken und Falten bemerke.

Dies sind meine kleinen Bedenklichkeiten. Damit aber keiner glaube, als sähe ich durch eine hypochrondrische Brille, so will ich sogleich einen Vorschlag thun, mit dessen Annahme sie gehoben werden könnten.

In den meisten großen Städten sind Societäten, sie mögen nun medicinische oder naturhistorische, botanische oder mineralogische heißen, das ist einerlei. Diese haben Lokalitäten, Bücher, Museen, Instrumente, Gesetze und Ordnung, und vor allem Mitglieder, welche dort zu Hause sind. Diese Gesellschaften sollten in wechselnder Ordnung, jährlich im Herbste eine Generalversammlung ihrer sämtlichen auswärtigen Mitglieder ausschreiben. Da könnten sich diese, die meistens für die Societät unthätig sind, thätig zeigen und kommen, und da die meisten Naturforscher Mitglieder von allen Gesellschaften sind, so könnte die Versammlung groß und allgemein werden. Um Regel und Ordnung braucht man nicht erst zu streiten, weil sie schon vorhanden sind. Die Einheimischen machen die freundlichen Wirthe, Hausmeister und Rectoren, besorgen die Vorrichtungen, die einer aus der Entfernung zu seinen Vorträgen verlangt, packen die Sendungen aus, die man vorzeigen will, lenken die Unterhaltung wirthlich und freundlich, und die Fremden müssen sich als ehrbare Gäste geberden. Auch weiß jeder schon im Voraus, welche Gerichte vorzugsweise da und dort zu erwarten seyn werden. In Regensburg geht es Königl. botanisch her, in Jena Herzogl. mineralogisch, in Berlin allgemein freundschaftlich, in Erlangen physicalisch-medicinisch usw. Da man nun nicht alle Jahre eine weite Reise machen kann, so besucht jeder den Ort, wo er am meisten Berührung findet, und bestellt seine Freunde dahin. Kämen auch nur wenig Fremde oder gar keine, so hielten die Einheimischen doch ihre

Sitzung, und Niemand könnte sagen, daß sie nicht zu Stande gekommen sey. Auch kann Niemand fragen, was diese Versammlung mache, da man schon unterrichtet ist, was die Gesellschaft treibt. Ein rühmlicher Wettstreit würde sich unter den Gesellschaften entspinnen, indem jede die andere zu übertreffen suchen würde, in Zubereitungen und wissenschaftlicher Unterhaltung.

Auf diese Weise könnte obgedachten Bedenklichkeiten füglich abgeholfen werden, und ich bitte daher die Isis, meinen Vorschlag baldigst bekannt zu machen. Finden die deutschen Naturforscher ein Bedürfniß zu solchen Versammlungen, so werden sie in ihren einzelnen Gesellschaften darüber berathen, und mit zehn Briefen ist die Sache abgestimmt und die Erste Einladung gegeben. Goldfuß

In diesem Aufsatze siehst du geschildert den Deutschen vorn und den Deutschen hinten, den Deutschen oben und den Deutschen unten. Bedenklichkeiten macht der Beutel, Bedenklichkeiten die Reise, Bedenklichkeiten die Gesichter, Bedenklichkeiten die Quartiere, Bedenklichkeiten das Wissen, Bedenklichkeiten der Saal, Bedenklichkeiten der Nutzen, endlich Bedenklichkeiten gar die Regierungen! zuletzt werden zum Troste Partitiv-Versammlungen vorgeschlagen! Will der Deutsche sich zur Barbarey verdammen, nun so sei er Barbar und bleibe er Barbar in alle Ewigkeit! Der Freund der Wissenschaft muß sich dann an cultivierte Völker halten, welche ihre Privatrücksichten und Originaleitelkeiten aufzuopfern wissen, um vereint die Wissenschaften vorwärts zu bringen.

Es bleibt demnach dabey; sobald sich etwa zwei Dutzend gemeldet haben, werden sie in der *Isis* abgedruckt. [Oken]

Einige Worte zur Warnung über Hrn. Dr. Oken's Versammlung der Naturforscher und Aerzte Deutschlands zu Leipzig

[Allgemeine Zeitung, 13. X. 1821 (Beilage)]

Bekanntlich hatte Hr. Dr. Oken, ehemaliger Professor zu Jena, in der Isis 1821 den Einfall, die Naturforscher und Aerzte Deutschlands zu einer allgemeinen Versammlung nach Leipzig zu laden. Er kündete im Julius-Hefte dieses Jahrs auf dem Umschlage die Mitte Septembers als Termin an, bis zu welchem man sich längstens zu Leipzig einfinden müßte, und versicherte der ganzen deutschen Welt die Ankunft der HH. Bojanus,

Forriep, Goeden, Goldfuß, Nees v. Esenbeck, Reichenbach, Grafen v. Sternberg, Wenderoth, Wilbrand und mehrerer anderer würdiger und verdienter Männer um diese Zeit zu Leipzig. Um diese Männer, zugleich mit den berühmten Naturforschern und Aerzten Leipzigs und des benachbarten Halle kennen zu lernen, verließen wir wenige Tage nach dem Empfang des Julius-Heftes der Isis, welches in mehreren Gegenden erst gegen Ende Augusts ankam, am 6, 7 und 8 Sept. unsere Wohnorte, Tag und Nacht mit Extrapost forteilend, um ja, wie es im Julius-Hefte der Isis bestimmt wurde, bis Mitte Septembers sicher in Leipzig einzutreffen. Wir kamen am 12 und 17 Sept. daselbst an, fragten um die *Versammlung der Naturforscher und Aerzte Deutschlands*, und erhielten zur Auskunft die Antwort: daß Hr. Dr. Oken statt nach Leipzig nach Paris gereist wäre, und die Versammlung bis auf den *September des nächsten Jahres* verschoben habe. Wir glaubten, daß unsere Freunde, bei welchen wir uns erkundigten, uns zum Besten haben wollten, sahen aber gar bald zu unserem Erstaunen, daß aus dem Spasse Ernst wurde, indem man uns das August-Heft der Isis vorhielt, in welchem Hr. Oken auf dem Umschlage verkündet: „*Die erste Versammlung hat im September des folgenden Jahres statt.*"
Sie sehen also, daß Hr. Oken nicht bedachte, daß, wenn er in dem Julius-Hefte seiner Isis die Leute einladet, bis Mitte Septembers zu Leipzig sich bei der Versammlung der Naturhistoriker einzufinden, diese Leute, wenn sie 100 und mehr Meilen von Leipzig entfernt wohnen, sich bereits vor der Ankunft des August-Heftes, in welchem er seine Einladung zurüknimmt, auf die Reise machen mußten, und daß er durch sein Benehmen viele rechtschaffene Männer um schweres Geld, und, was noch mehr ist, um ihre kostbare Zeit gebracht hat!
Einsender hält es für Pflicht, diese freundschaftliche Mittheilung in der Allg. Zeitung zur Kenntniß des deutschen Publikums zu bringen, da auch ihm angesehene Gelehrte bekannt geworden sind, welche Hr. Oken von der Isar, vom Lech und vom Inn nach Leipzig zu reisen unnöthiger Weise veranlaßt hat.

Antwort Okens in der Isis 1821, 12. H., Deckblatt

„Wir bedauern, daß diese Gelehrte vergebens nach Leipzig gereiset sind, müssen aber erklären, daß die *wirkliche* Versammlung im September 1821 *nie* in der Isis ist vestgesetzt worden. Heft VI. (also Juny) ist ausdrücklich gesagt: „Die *genaue* Zeit, wann die erste Versammlung ist, wird zu rechter Zeit angezeigt werden." — Im Heft VII. (also July, nicht August) wurde schon angezeigt, daß die Versammlung erst 1822 Statt finden könne.

Anläßlich der 90. Versammlung zu Hamburg 1928 haben H. Degener und der Verlag Chemie der Naturforscher-Versammlung eine hübsche Erinnerungsgabe überreicht, nämlich einige Faksimileseiten von Schriften großer deutscher Gelehrter. Darunter ist auch die *„interessante und lehrreiche Kostenaufstellung der Berliner Versammlung 1828"* vermerkt. Der Geschäftsführer, Professor der Zoologie und Geh. Med. Rat. Martin Heinrich Karl Lichtenstein gibt eine „Vorläufige Berechnung der sämtlichen Kosten" und es verbleibt ihm am Schluß der Tagung ein kleiner glücklicher Rest von 34 Talern und 23 Groschen. Wie sparsam waren doch unsere Väter! — Aus: Der 90. Versammlung Deutscher Naturforscher und Ärzté, Hamburg, 15. bis 22. September 1928, gewidmet von H. Degener und dem Verlag Chemie, Berlin W. 10.

Es hat sich mithin niemand, am wenigsten wer sich nicht gemeldet hat, über den Aufschub zu beschweren, der aus hinlänglichen Gründen für rathsam gehalten wurde.
Es wird bey dieser Gelegenheit aufs Neue wiederholt, daß jeder, der im nächsten Jahre kommen will, sich melden müsse, weil dieses der Vorkehrungen wegen unumgänglich nöthig ist. Das Melden kann bey Schwägrichen in Leipzig oder bey der Redaction der Isis geschehen. Ist einmal die Versammlung entschieden, so wird der Tag der Eröffnung nicht bloß in der Isis, sondern auch in den *Zeitungen* bekannt gemacht. [Oken]

Okens zweiter Aufruf und Einladung zur „Versammlung der deutschen Naturforscher und Aerzte in Leipzig"

(Isis 1822, 8. Heft, Deckseite)

Es kann nun hierüber folgendes bekannt gemacht werden:
1. Die erste Versammlung hat am 18. *September* dieses Jahres statt.
2. Zwey Naturforscher zu Leipzig haben die Besorgung aller Einrichtung übernommen. Einer sorgt für den Saal, die Sitze usw. Er läßt den *Geschäftsführer* der Versammlung wählen. *Dieser* ordnet sodann die Geschäfte, sammelt für alles Nöthige die Stimmen, bestimmt die Folge der Vorträge, Versuche usw.
3. Der Andere trifft Anstalten, daß diejenigen Gelehrten, welche Privatwohnungen vorziehen, dergleichen leicht auf 8 Tage zur Miethe bekommen können. Es müssen sich deßhalb alle, die zu kommen gesonnen sind, melden, damit solche Gefälligkeit nicht unnöthiger Weise beschäftiget werde. Das Melden kann nach Bequemlichkeit bey Prof. Schwägrichen in Leipzig oder bey der Redaction der Isis geschehen.
4. Die zu Leipzig bestehende naturforschende Gesellschaft hat sich auf das freundlichste erboten, zur Erreichung der Zwecke der großen Versammlung auf alle Art mitzuwirken.
5. Wir sind in den Stand gesetzt, anzeigen zu können, daß die *Stadtbehörden* zu Leipzig der Versammlung alle Bereitwilligkeit werden angedeihen lassen.
6. Um allen Aufwand zu vermeiden, werden keine Gastereyen gehalten. Man wird aber Abends an irgend einem öffentlichen Orte zusammen kommen, wo jeder nach Belieben sein eigener Gast ist.
7. Der *Hauptzweck* der Versammlung ist: sich zu sehen, sich kennen und schätzen zu lernen, damit einerseits ein freundliches *Verhältniß* unter den Gelehrten hergestellt

und eine billigere wechselseitige *Beurtheilung* bewirkt werde; und damit andererseits *gemeinschaftliche Arbeiten* verabredet werden, welche das Zeugnis dessen, was jetzt das deutsche Volk hervorzubringen vermag, betrachtet werden können. Dergleichen sind *gemeinschaftliche Herausgabe* der Abhandlungen der vielen physikalischen, naturforschenden und ärztlichen Gesellschaften, welche einzeln keine Verleger und Abnehmer finden, ein *Wörterbuch* der Mathematik, der Physik und Chemie, der Naturgeschichte, und der Medicin, eine *Encyclopädie der physicalischen Wissenschaften*; *ferner Tausch- und Kauf-Verker* mit Mineralien, Pflanzen, Thieren, Skeletten usw.

8. Ein *Nebenzweck* ist, den Gelehrten, welche eine Entdeckung gemacht, welche große Werke angelegt haben, Gelegenheiten zu geben, dieses durch mündliche Vorträge schnell und deutlich bekannt zu machen, ihren Ideen allseitigen Eingang zu verschaffen, ihre Priorität zu sichern, ihren Arbeiten ein gutes Vorurteil und dadurch Verleger und Abnehmer zu gewinnen.

9. Sobald man ankommt, meldet man sich bey dem Ornithologen Heinr. Ploß (Grimmaische Gasse Nr. 593), um Auskunft über Wohnung, Versammlungsort und -zeit zu erhalten.

Der erste Zeitungsbericht über die erste Versammlung in Leipzig 1822

[Nr. 206, Beilage zur Allgemeinen Zeitung 10. Dec. 1822. (Beilage-Seitenzählung 821/822)]

Deutschland, Leipzig, 12. Nov. [1822]

Der wieder in Jena lebende und wirkende Hofrath Dr. Oken hat in den neuesten Stücken seiner, noch immer mit Beifall fortgesezten, die Naturwissenschaft vielfach fördernden Isis bereits Bericht abgestattet von dem Ende Septembers hier zum erstenmal zusammengekommenen Verein deutscher Naturforscher und Aerzte, welcher sich drei Tage hintereinander im Lokal der schon früher vom Könige bestätigten Gesellschaft der deutschen Naturforscher und Aerzte in Leipzig, zu Vorlesungen und gegenseitigen Besprechungen einfindet und, wenn nur erst der liberale Zweck desselben vollkommen anerkannt seyn wird, schon dadurch schöne Früchte zu tragen verspricht, daß sich Naturforscher aus allen Gegenden unsers deutschen Gesamtvaterlandes durch persönliche Bekanntschaft lieb gewinnen, und wo die spizen Federn oft verwundeten, durch mildes Wort sich vergleichen und einen. Es findet nicht Wahl der Mitglieder noch Geldbeitrag oder Sammlung anderer Art statt. Jeder Schriftsteller im naturhistorischen und ärztlichen Fache wird, wenn er sich einfindet, als Mitglied betrachtet, Stimmrecht haben nur die Anwesenden. Der Versammlungsort wechselt, und wird das nächstemal wohl in Halle statt finden. Für diesmal war der verdiente Botaniker und Naturforscher, Professor Schwägrichen, ihr Geschäftsführer, Dr. Kunze Sekretär. Es waren ausser Oken zwei treffliche Naturforscher aus Dresden, Reichenbach und Carus, Formey aus Berlin, Froriep aus Weimar anwesend. Ganz unerwartet aber höchst willkommen trat auch der Veteran Blumenbach auf seiner Reise nach Dresden in die Mitte dieser Versammlung. In den ersten fünf Versammlungen darf nichts an den Statuten verändert werden.

Eine rückwärts und vorwärts gerichtete Betrachtung, als Ergebnis der ersten Tagung der Gesellschaft Deutscher Naturforscher und Aerzte, wohl von Dr. J. S. C. Schweigger verfaßt

(Journal f. Chemie u. Physik, Bd. 37. S. 455—458. Nürnberg 1823)

Ueber die Gesellschaft der deutschen Naturforscher und Aerzte

Wenn geistiges Leben ohne gegenseitige Mittheilung unmöglich; so beruhet namentlich das Leben der Naturwissenschaften auf dieser gegenseitigen Mittheilung, und es kommt hiebei auch vorzüglich viel an auf persönliche Unterhaltung. Was mit langen Abhandlungen kaum klar zu machen, ist nicht selten mit einem Worte gesagt, wenn zugleich die Thatsache vorgelegt, das Phänomen, von welchem die Rede ist, vor Augen gestellt werden kann.

Große Städte, wie London und Paris, gewähren, ihrer Natur nach, alle die Vortheile, welche aus dem persönlichen Verkehr hervorgehen. Es kann hier in den Naturwissenschaften nie an gegenseitiger Anregung und Ermunterung fehlen, und schnell wird jede neuentdeckte Thatsache bekannt, welche an andern Orten oft lang unbeobachtet geblieben wäre. In unserem Vaterlande hat die Erfahrung gelehrt, daß, wie groß auch die Menge der Correspondenten einer gelehrten Gesellschaft seyn mag, dennoch alle Schreibereien in der Naturwissenschaft nur ein sehr unvollkommenes Surrogat der persönlichen Mittheilung bleiben. Als daher die Naturforscher der Schweitz statt einer blos schreibenden (correspondirenden) eine redende Gesellschaft stifteten, d. h. eine solche, die sich zu jährlichen persönlichen Zusammenkünften verband, so erregte dieß mit Recht eine allgemeine Theilnahme und Freude. Es haben selbst mehrere Städte, worin die Naturforscher zusammenkamen, auf eine sehr achtbare Weise ihr Interesse an solchen Versammlungen ausgedrückt. Und bald kam es auch bei einer be-

3*

kannten Akademie zur Sprache, ob die Akademie nicht nach dem Muster der Schweitzer Naturforscher ihre Correspondenten, namentlich die im Lande lebenden, zu jährlichen Zusammenkünften etwa auf acht Tage einladen solle. Es war dazu blos nöthig für diejenigen auswärtigen Mitglieder, welche nicht blos als Zuhörer kamen, sondern um gelehrte Mittheilungen zu machen, Diäten von etwa einem Ducaten für jene wenigen Tage der akademischen Zusammenkünfte festzusetzen. Man begreift leicht, wie höchst unbedeutend diese Ausgabe für eine glänzend eingerichtete Akademie gewesen seyn würde, so daß eine im Verhältnise zu dem großen Gewinne für Beförderung der Zwecke der physikalischen Klasse ganz kleiner Aufwand es wenigstens nicht seyn konnte, was die Sache vereitelte.
Nun hoffte einer der Herausgeber dieser Zeitschrift, daß jener Zweck, dessen Erreichung er als wesentlich für den Flor der Naturwissenschaften in unserem Vaterlande betrachtet, durch die alte Academia naturae curiosorum zu erreichen seyn möchte, und hielt sich als Adjunct des Präsidiums dieser Akademie noch besonders verpflichtet, seine Vorschläge zur Berathung vorzulegen. Die Leser dieser Zeitschrift kennen aus dem 23. Bde des Journ. der Chem. und Phys. S. 545—582, die hierüber an die Mitglieder der Academia naturae curiosorum nicht nur, sondern zugleich an alle Naturforscher Deutschlands, denen an dem Flore dieser ältesten deutschen naturforschenden Gesellschaft gelegen ist, gerichtete Schrift. Im Jahre 1820 sollte, den darin enthaltenen Anträgen gemäß, von der Academia naturae curiosorum die erste Versammlung von Naturforschern in Berlin veranlaßt werden.
Da solches unterblieb: so forderte Oken im Jahre 1821 auf, daß die Naturforscher sich in Leipzig versammeln möchten. Aber erst im folgenden Jahre gelangte dieser Vorschlag zur Ausführung. Denn im Herbste 1822 fand, wie den Lesern aus öffentlichen Blättern bekannt ist, wirklich eine solche Versammlung zu Leipzig Statt. Selbst der ehrwürdige Veteran deutscher Naturforscher, Blumenbach, war dabei gegenwärtig, Geheimerath Formey kam aus Berlin, Oken, der Stifter dieses Vereins, aus der Schweitz, Carus aus Dresden, auch die naturforschende Gesellschaft zu Frankfurt am Main sandte, um ihre Theilnahme auszudrücken, einen Deputirten. Da sich außer den Gelehrten in Leipzig noch viele Liebhaber der Naturwissenschaften beigesellten, so war eine Anzahl von etwa 60 Personen versammelt. Bekannt durch den Druck wurde die Vorlesung, welche vom Dr. Carus am 19. September 1822 in dieser ersten Zusammenkunft deutscher Naturforscher und Aerzte *über die Anforderung an eine künftige Bearbeitung der Naturwissenschaften gehalten wurde.* [Schweigger]

Kurze Geschichte der zehn ersten Versammlungen der Gesellschaft deutscher Naturforscher und Ärzte

(Aus: Bericht über die Versammlung Deutscher Naturforscher u. Ärzte in Wien 1832. Von Freiherrn von Jacquin und J. J. Littrow. Wien. Fr. Beck. 1832)

Erste Versammlung in Leipzig. 1822

Wie von allen Dingen der Anfang nur klein zu seyn pflegt, so ist auch der Ursprung dieser jetzt so zahlreichen Gesellschaft nur geringfügig zu nennen. In der ersten Hälfte des Septembers 1822 traten mehrere wissenschaftliche Freunde in Leipzig zusammen. Unter andern Gegenständen kam auch der schon oft genug, aber immer vergebens angeregte Mangel an Vereinigung und gemeinschaftlicher Arbeit der deutschen Gelehrten zur Sprache. Während man in Frankreich und England durch dieses Zusammenwirken der ausgezeichnetsten Schriftsteller die bedeutendsten Werke, Encyclopädien, umfassende Zeitschriften, grosse lexicographische Werke über Naturwissenschaften, Künste und Gewerbe u.s.w. schon seit vielen Decennien entstehen sieht, scheint sich in Deutschland nichts dieser Art zu regen, oder doch, wenn da und dort Ähnliches begonnen wird, sogleich alles wieder schon im Keime zu ersticken. Eine ähnliche, von andern Ländern abweichende und nicht weniger unerfreuliche Erscheinung bey den deutschen Gelehrten fand man in dem Mangel tüchtiger Recensionen und literarischer Berichte, und vorzüglich in dem bitteren, harten, ja oft selbst ungezogenen Tone, mit welchem bey uns diese Anzeigen so häufig abgefasst werden, während sie bey jenen zwey genannten Nationen, selbst wenn sie nichts als Tadel enthalten, doch durch einen feinen und gebildeten Ton sich auszuzeichnen pflegen.

Man fand die Ursache dieser beyden Abweichungen der deutschen Gelehrten von jenen des Auslandes vorzüglich in dem Mangel an dem nähern Verkehr und an der persönlichen Bekanntschaft derselben. In Frankreich wohnen die meisten Gelehrten in Paris, und man wird auf dem Lande wohl nicht leicht einen finden, der nicht wenigstens einige Zeit in Paris zugebracht hätte. Derselbe Fall hat in England mit London Statt. Deutschland aber biethet keinen solchen Vereinigungspunct dar. Dazu kommen noch die gelehrten Academien jener beyden Hauptstädte, die nach einem viel grössern Massstabe, als die wenigen in Deutschland, errichtet wurden, und die eines der besten Mittel zur persönlichen Bekanntschaft der Mitglieder, aus welcher dann von selbst ein humaneres gegenseitiges Betragen derselben folgt, und zu jenen umfassenden gemeinschaftlichen Arbeiten geben, an denen es bey uns noch beynahe gänzlich fehlt.

Die wenigen in Leipzig versammelten Freunde wurden bald darüber einig, dass diesem Mangel in Deutschland nur durch eine Academie anderer Art, durch eine über das ganze Land verbreitete, rein wissenschaftliche Gesellschaft abgeholfen werden könnte. Schon in den ersten abendlichen Zusammenkünften, in dem Hause der Leipziger naturforschenden Gesellschaft (Grimmische Gasse Nr. 7 und 8) wurden folgende Grundsätze als Elemente der künftigen Einrichtung der Gesellschaft aufgestellt:

„Der Hauptzweck der Gesellschaft ist die persönliche Bekanntschaft der Mitglieder. „Da sie die Verbesserung des Gesammtcharakters der Naturwissenschaften und der Natur„forscher selbst, als solcher, beabsichtiget, so müssen die Statuten derselben so allgemein „als möglich gehalten seyn. Die Versammlung soll nicht sowohl in einem dauernden „Zusammenbleiben, sondern nur in einem jährlichen Zusammentreten der Mitglieder „auf kurze Zeit bestehen, da diess hinreicht, den Hauptzweck, die persönliche Be„kanntschaft der Mitglieder, zu erreichen. Da es sich hier nur um Naturwissenschaften und „Arzneykunde handelt, und da die Gesellschaft vorzüglich gemeinschaftliche grössere „Werke in diesen Wissenschaften beabsichtiget, so können nur eigentliche Schriftsteller als „Mitglieder dieser Versammlung aufgenommen werden. Doch kann auch jeder andere in „die Versammlungen kommen, um zu sehen oder zu hören, aber nicht, um auch zu reden, „oder seine Stimme abzugeben. Alle schiefen Deutungen zu vermeiden, sollen diese „Versammlungen bey offenen Thüren gehalten werden. Da die meisten deutschen „Gelehrten zugleich Professoren sind, welche im Spätherbste ihre Ferien haben, so „wird der Monath September zu den Versammlungen der schicklichste seyn. Da die „Gesellschaft keinen bestimmten Ort hat, weil sie sich über ganz Deutschland verbreiten „soll, so kann sie auch weder Geschenke annehmen, noch Sammlungen anlegen. „Endlich sollen auch keine eigenen Ernennungen von Mitgliedern oder Vertheilungen „von Diplomen u. dgl. Statt haben."

Nachdem man über die Elemente der künftigen Einrichtung der Gesellschaft, als deren erster Begründer mit Recht Hr. Hofrath Oken in Jena, jetzt in München, angesehen wird, übereingekommen war, constituirte sich die *erste* Versammlung derselben, die nur aus dreyzehn Mitgliedern bestand. Diese waren:

Hr. Dr. Friedrich Schwägrichen aus Leipzig
Hr. Dr. Gustav Kunze aus Leipzig
Hr. Dr. Carus aus Dresden
Hr. Dr. Formay aus Berlin
Hr. Dr. Gilbert aus Halle
Hr. Dr. Heyden aus Frankfurt a. M.
Hr. Dr. Martini aus Leipzig
Hr. Dr. Oken aus Jena

Hr. Dr. Purkinje aus Breslau
Hr. Dr. Reichenbach aus Dresden
Hr. Dr. Becker aus Leipzig
Hr. Dr. Schulz aus Berlin
Hr. Dr. Thienemann aus Leipzig

Am 19. September erschienen noch Hr. Obermedicinalrath Blumenbach aus Göttingen, und Hr. Maien, als Abgeordneter der Osterländischen naturforschenden Gesellschaft in Altenburg.

Von dieser kleinen Gesellschaft wurden zu Geschäftsführern ihrer ersten Versammlung erwählt die Herren Dr. Friedrich Schwägrichen, Prof. der Naturgeschichte in Leipzig, und Dr. Gustav Kunze, Prof. der Medicin in Leipzig. Unter der Leitung dieser beyden Männer wurden sofort folgende Statuten der Gesellschaft entworfen, die auch bisher, mit Ausnahme der Einführung von Aufnahmskarten und der Eintheilung der Gesellschaft in mehrere wissenschaftliche Sectionen, unverändert beybehalten worden sind.

Statuten der Gesellschaft deutscher Naturforscher und Ärzte

§. 1. Eine Anzahl deutscher Naturforscher und Ärzte ist am 18. September 1822 in Leipzig zu einer Gesellschaft zusammengetreten, welche den Nahmen führt: „Gesellschaft deutscher Naturforscher und Ärzte."

§. 2. Der Hauptzweck der Gesellschaft ist, den Naturforschern und Ärzten Deutschlands Gelegenheit zu verschaffen, sich persönlich kennen zu lernen.

§. 3. Als Mitglied wird jeder Schriftsteller im naturwissenschaftlichen und ärztlichen Fache betrachtet.

§. 4. Wer nur eine Inaugural-Dissertation verfasst hat, kann nicht als Schriftsteller angesehen werden.

§. 5. Eine besondere Ernennung zum Mitgliede findet nicht Statt, und Diplome werden nicht ertheilt.

§. 6. Beytritt haben Alle, die sich wissenschaftlich mit Naturkunde oder Medicin beschäftigen.

§. 7. Stimmrecht besitzen ausschliesslich die bey den Versammlungen gegenwärtigen Mitglieder.

§. 8. Alles wird durch Stimmenmehrheit entschieden.

§. 9. Die Versammlungen finden jährlich, und zwar bey offenen Thüren Statt, fangen jedesmahl mit dem 18. September an, und dauern mehrere Tage.

§. 10. Der Versammlungsort wechselt. Bey jeder Zusammenkunft wird derselbe für das nächste Jahr vorläufig bestimmt.

§. 11. Ein Geschäftsführer und ein Secretär, welche im Orte der Versammlung wohnhaft seyn müssen, übernehmen die Geschäfte bis zur nächsten Versammlung.

§. 12. Der Geschäftsführer bestimmt Ort und Stunde der Versammlung, und ordnet die Arbeiten, wesshalb jeder, der etwas vorzutragen hat, es demselben anzeigt.

§. 13. Der Secretär besorgt das Protocoll, die Rechnungen und den Briefwechsel.

§. 14. Beyde Beamte unterzeichnen allein im Nahmen der Gesellschaft.

§. 15. Sie setzen erforderlichen Falls, und zwar zeitig genug, die betreffenden Behörden von der zunächst bevorstehenden Versammlung in Kenntniss, und machen sodann den dazu bestimmten Ort öffentlich bekannt.

§. 16. In jeder Versammlung werden die Beamten für das nächste Jahr gewählt. Wird die Wahl nicht angenommen, so schreiten die Beamten zu einer andern; auch wählen sie nöthigenfalls einen andern Versammlungsort.

§. 17. Sollte die Gesellschaft einen der Beamten verlieren, so wird dem übrigbleibenden die Ersetzung überlassen. Sollte sie beyde verlieren, so treten die Beamten des folgenden Jahres ein.

§. 18. Die Gesellschaft legt keine Sammlungen an, und besitzt, ihr Archiv ausgenommen, kein Eigenthum. Wer etwas vorlegt, nimmt es auch wieder zurück.

§. 19. Die vielleicht Statt habenden geringen Auslagen werden durch Beyträge der anwesenden Mitglieder gedeckt.

§. 20. In den ersten fünf Versammlungen darf nichts an diesen Statuten geändert werden.

Leipzig, am 10. October 1822 *Im Auftrage der Gesellschaft:*

Der Geschäftsführer Dr. Friedr. Schwägrichen

Der Secretär Dr. Gustav Kunze

Von den wissenschaftlichen Verhandlungen dieser ersten Versammlung bemerken wir hier kurz die vorzüglichsten.

Formay schlug die gemeinschaftliche Bearbeitung eines die gesammte deutsche Naturkunde und Medicin umfassenden Werkes vor, wodurch auch Froriep's bereits seit mehreren Jahren angefangenes naturhistorisches Wörterbuch zur Sprache gebracht wurde.

Da mehrere kleine naturhistorische und medicinische Gesellschaften Deutschlands ihre oft sehr schätzbaren Memoiren der öffentlichen Bekanntmachung durch den Druck nicht übergeben können, wodurch viele derselben verloren gehen, so wurde beschlossen, den Hrn. Nees von Esenbeck, als Vorsteher der Leopoldinischen Academie anzugehen, die Herausgabe der Memoiren jener Gesellschaften, unter dem Nahmen der letztern, durch den Druck zu besorgen. Den Erfolg dieses Vorschlags werden wir in den nächsten Versammlungen erfahren.

Carus hielt eine Rede über die künftigen Bearbeitungen der Naturwissenschaften; Reichenbach über das philosophische und natürliche Pflanzensystem; Wilbrand und Ritgen aus Giessen legten ihre eingesandten Gemählde der organischen Natur vor; Carus die Bilder mehrerer Sepien; Froriep schickte Zeichnungen von krankhaften Augen, Zungen u. f. Sodann las Gilbert über die neulich in Paris im Grossen ausgeführten Schallversuche, und über die neuesten magnetischen Experimente.

Diese erste Versammlung hielt fünf Sitzungen vom 18. bis 23. September. Für die zweyte Sitzung, am 19. September, wurde *Halle* als nächstkünftiger Versammlungsort bestimmt, und zu neuen Geschäftsführern erwählt Hr. Professor Sprengel und Dr. Schweigger. Am Sonntage den 22. wurden keine Sitzungen gehalten. Gemeinschaftliche Mittagstische hatten nicht Statt, aber wohl gesellige abendliche Zusammenkünfte im Hôtel de Russie und im Hôtel de Saxe. In den Nachmittagsstunden wurden die Gärten und naturhistorischen Sammlungen Leipzigs besucht. Am 23. September trennte sich die Gesellschaft.

Zweyte Versammlung in Halle. 1823

Diese zweyte Versammlung der Gesellschaft begann am 18. September, und währte nur drey Tage, bis zum 20. September, weil die meisten der angekommenen fremden Mitglieder nicht länger verweilen konnten. Die Sitzungen dauerten diese drey Tage durch von 10 bis 1 Uhr, und wurden in dem schönen Gebäude auf dem Jägerberge gehalten. Der Mitglieder waren 38, der einheimischen Gäste und Zuhörer nicht zu erwähnen. Auch wurden denjenigen Studierenden, welche sich für Naturwissenschaften interessirten, Einlasskarten gegeben. Mittagstische für die ganze Gesellschaft fanden nicht statt, aber wohl wieder gesellige Abendunterhaltungen, welche vielleicht am zweckmässigsten sind, die eigentliche Absicht dieser Zusammenkünfte, die persönliche Bekanntschaft der Mitglieder derselben, zu erreichen. Bemerkenswerth von dieser Versammlung ist noch, dass in ihr zuerst die Sitte aufkam, die Autographa der Mitglieder durch den sogenannten lithographischen *Umdruck* zu sammeln, eine Gewohnheit, die seitdem bey allen Versammlungen beybehalten wurde. Nicht so gut hat sich eine andere, wichtigere und wesentlichere Einrichtung erhalten, welche ebenfalls in Halle zuerst in Gang gebracht wurde, nähmlich statt der leidigen Ablesung geschriebener Abhandlungen den lebendigen freyen Vortrag der Mitglieder einzuführen. Die deutschen Gelehrten sind noch zu wenig an diese, ohne Zweifel beste Gattung des Vortrags gewohnt, weil es ihnen an Gelegenheit fehlt, dieses Talent von Jugend auf in sich auszubilden. In Halle folgten viele dem freundlichen Antriebe Okens, aber die Sache hatte, als zu vielen Schwierigkeiten unterworfen, keine Dauer. Abgesehen von dem Nutzen, den ein freyer Vortrag schon an sich selbst gewähren würde, könnte man ihn auch zugleich als den besten Damm gegen die masslos langen, und selbst den aufmerksamsten Zuhörer ermüdenden schriftlichen Aufsätze betrachten, von welchen sich nur die wenigsten der deutschen Schriftsteller losmachen können. Am vortheilhaftesten möchte es seyn, die freyen Vorträge in den Sectionen durchaus einzuführen, und in den allgemeinen Versammlungen die zu lesenden Reden, wenn sie nicht ganz weggelassen werden können, auf bestimmte Gränzen zurückzuführen.

Die Mitglieder der permanenten hallischen naturforschenden Gesellschaft nahmen, wie sich erwarten liess, lebhaften Antheil an den Versammlungen, und versetzten sogar während jener drey Tage ihre Sitzungen in den Saal der allgemeinen Versammlung. Von den Mittheilungen sind die vorzüglichsten folgende:

Oken erklärte sich umständlich über die irrige Ansicht, als bilde diese Versammlung ein gelehrtes Corps, das als solches Schlüsse fassen, gemeinschaftliche Arbeiten anordnen, oder Werke herausgeben soll. Diese Versammlungen seyen frey, und von ihnen könne keinem Mitgliede irgend eine Pflicht aufgelegt werden. Sie sollte nur den einzelnen hier Zusammenkommenden Gelegenheit geben, sich zu besprechen, sich kennen zu lernen, sich aus freyem Antriebe zusammenzuthun, und auf diese Weise allein einmahl so umfassende Arbeiten zu Stande zu bringen, wie sie England und Frankreich schon lange aufzuweisen haben. Auch habe die *Academia Leopoldina* unsern vorjährigen von Leipzig ihr zugesendeten Antrag völlig missverstanden, wenn sie nun glaubt, diese unsere Versammlung wolle an die Stelle jener Academie treten. Die letzte wurde bloss

ersucht, ob sie wohl die Schriften anderer Gesellschaften, mit Erhaltung des Titels derselben, in ihre *Acta naturae Curiosorum* aufnehmen wolle.
Schweigger theilte die allerhöchste Cabinetsordre Sr. Majestät des Königs vom 6. September 1823 mit, nach welcher der Gesellschaft nichts entgegenstehe, um ihre Versammlungen in Halle zu halten.

Dritte Versammlung in Würzburg. 1824

Schon im verflossenen Jahre wurde zu Halle für den nächsten Versammlungsort *Würzburg* ausersehen, und die daselbst wohnenden Naturforscher Döllinger zum ersten und d'Outrepont zum zweyten Geschäftsführer gewählt. Man entschloss sich für eine südlich gelegene Stadt Deutschlands, um den Bewohnern dieses Theiles unsers Vaterlandes die Reise zu erleichtern, wie es seitdem mit den nördlicher Wohnenden geschehen war. Es wurde als zweckmässig vorgeschlagen, bey den künftigen Wahlen der Orte den Norden mit dem Süden regelmässig abwechseln zu lassen.
Diese dritte Versammlung begann am 18. September 1824 mit der Vorlesung eines Schreibens des Hrn. Hofraths Döllinger aus München, worin derselbe sein Bedauern ausdrückt, wegen dringender Geschäfte die ihm anvertraute Stelle in der diessjährigen Versammlung nicht annehmen zu können. Nach der Vorlesung dieses Briefes wurde sogleich zu einer neuen Wahl geschritten, in welcher Hr. Medicinalrath von Outrepont zum ersten und Hr. Dr. Schönlein zum zweyten Geschäftsführer ernannt wurde. Outrepont eröffnete die erste Sitzung mit einer kurzen Antrittsrede, worin er den Zweck dieser Versammlungen näher bezeichnete, und las dann das allerh. königl. Rescript vor, in welchem dem Geschäftsführer angezeigt wird: „es sey Sr. Majestät angenehm, dass die „Gesellschaft zum Sitz ihrer Versammlung Würzburg gewählt habe." Landkammerrath Waitz und Baumeister Gleinitz wurden, als Abgeordnete der Naturforschergesellschaft des Osterlandes zu Altenburg, der Versammlung vorgestellt.
Die Sitzungen der Gesellschaft wurden in dem schönen und geschmackvoll ausgezierten Palais des Hrn. Staatsraths Freyherrn von Asbeck gehalten. Nach den Sitzungen wurde täglich gemeinschaftlich zu Mittag gespeist und der Nachmittag mit geselligen Besuchen der Gärten und der Merkwürdigkeiten der Stadt zugebracht, auch angenehme Lustparthien auf das Land gemacht, wofür die Gefälligkeit und Gastfreundschaft der Einwohner Würzburgs gesorgt hatte. Zu den angenehmsten dieser Unterhaltungen gehörte der zweymahlige Besuch des königl. Gartens zu Veits-Höchheim und zu Zell,

wohin man auf dem Main durch die anmuthigsten Gegenden fuhr und wo man durch die Feste überrascht wurde, welche einige Würzburger Familien in diesen Gärten für die Gesellschaft veranstaltet hatten. Unter den wissenschaftlichen Merkwürdigkeiten, welche die Gesellschaft besuchte, gehört vorzüglich das Julius-Hospital, die medicinische Clinik, das Gebärhaus, die anatomische Sammlung und der botanische Garten. Von Kunstgebäuden bewunderte man den uralten, zum Theil byzantinischen Dom, und in ihm zwey noch räthselhafte Säulen; die schöne gothische Marktkirche und das in Deutschland kaum seines Gleichen findende Harmoniegebäude nebst dem prachtvollen Schlosse in italienischem Geschmack.
Die Anzahl der eigentlichen Mitglieder in Würzburg war nicht gross; man zählte bloss 21 fremde und 16 einheimische, zusammen 37 Mitglieder. Allgemeine Versammlungen wurden vier, nähmlich am 18., 19., 20. und 21. September gehalten.

Vierte Versammlung zu Frankfurt a. M. 1825

In der vorhergehenden Versammlung zu Würzburg wurde am 19. September 1824 zum nächstkünftigen Versammlungsort Frankfurt a.M. gewählt, die zweyte Zusammenkunft im südlichen Deutschland, so wie die beyden ersten, in Leipzig und Halle, dem nördlichen Deutschland angehörten. Frankfurt a.M. enthalte viele ausgezeichnete Gelehrte, grosse Ärzte, schöne Sammlungen und lehrreiche Anstalten aller Art; in der Nähe seyen mehrere Universitäten, wie Marburg, Giessen, Bonn, Heidelberg, Freyburg, Tübingen, Erlangen, Würzburg, so wie viele andere grössere Städte mit den Naturwissenschaften holden Einwohnern, wie Offenbach, Mainz, Cöln, Cassel, Darmstadt, Manheim u. f. An demselben Tage wurde Dr. Neuburg zum ersten und Dr. Cretzschmar zum zweyten Geschäftsführer für Frankfurt a.M. ernannt.
Die Versammlungen in dieser Stadt währten sechs Tage, vom 18. bis 23. September und hatten Statt in dem Hause der Senkenbergischen naturforschenden Gesellschaft. Ordentliche Mitglieder waren hier 88 versammelt. Ausser den wissenschaftlichen Beschäftigungen und den gemeinschaftlichen Mittagstischen, besuchten die Mitglieder die Stadtbibliothek, den polytechnischen Verein und die Sammlungen des Hrn. Staatsraths von Bethman, bey welchem sie auch am 21. September zu Tische geladen waren. Dr. Neuburg hielt am 18. September die Antrittsrede und auch am 23. den Abschiedsspruch. In diesen Versammlungen wurde an jedem Tage das Protocoll des vorhergehenden Tages vorgelesen und die Bemerkungen der Mitglieder darüber aufgenommen.

Die naturforschende Gesellschaft des Osterlandes in Altenburg hatte, wie diess auch in allen frühern Sitzungen geschehen war, ein Begrüssungsschreiben an die Versammlung durch ihren Abgeordneten Hrn. Kammerrath Waitz geschickt, dessen Vorlesung dem Hrn. Hofrath Oken Gelegenheit gab, zu fragen, ob von den anwesenden Mitgliedern keine entscheidende Antwort ertheilt werden könne, in wie fern die literarischen Producte mehrerer anderer kleiner naturwissenschaftlichen Gesellschaften Deutschlands zu einem einzigen Werke zu vereinigen seyen? Nachdem die Vorsteher der Gesellschaft zu Frankfurt a.M. und die Mitglieder der osterländischen Gesellschaft zu Altenburg beyfällig, die von Leipzig und Marburg ausweichend und die von Berlin abweisend sich erklärt hatten, forderte Oken die Mitglieder auf, sich über diesen Gegenstand bey der Sitzung des folgenden Jahres mit hinreichenden Vollmachten zu versehen.

Fünfte Versammlung zu Dresden. 1826

Am 20. September des Jahres 1825 wurde in der Versammlung zu Frankfurt a.M. die Wahl des künftigen Versammlungsortes vorgenommen. Nach langen Unterredungen wurde endlich Dresden gewählt und Hr. Hofrath und Prof. Seiler zum ersten und Prof. Carus zum zweyten Geschäftsführer ernannt. Diesem gemäss versammelten sich die Mitglieder der Gesellschaft am 18. September 1826 in *Dresden*, wo sie in dem grossen Rittersaale des landständischen Gebäudes oder des sogenannten *Landhauses*, das zu diesem Zwecke auf das schönste verziert wurde, ihre Sitzungen hielten. Die Antrittsrede wurde von dem ersten Geschäftsführer gehalten. Sie bezog sich auf den Schluss des ersten Quinquenniums dieser Gesellschaft, deren erste Idee vom Hrn. Hofrath Oken ausgegangen ist und auf den schönen Empfang, welcher der Versammlung von Sr. Majestät dem Könige und durch ihn von Sr. Excellenz dem Hrn. Grafen von Einsiedel bereitet worden ist. Hierauf wurde die Genehmigung und Förderung der Versammlung durch Sr. Majestät höchstes Rescript bekannt gemacht und die fremden Gelehrten von der in Dresden bestehenden Gesellschaft der Mineralogie und Natur- und Heilkunde freundlich begrüsst.

Die Versammlung in Dresden bestand aus 115 *eigentlichen* Mitgliedern. Die Zahl der die Gesellschaft besuchenden, wissenschaftlichen Freunde und Gäste war wohl über 250, so dass bey jeder allgemeinen Sitzung der geräumige Saal immer ganz angefüllt war. Das gemeinschaftliche Mittagsmahl wurde bey dem Restaurateur Kaempfe eingenommen. Dieses dauerte von ein bis drey Uhr, die Versammlungen aber von neun bis ein

Uhr, daher die Museen und Sammlungen Morgens von acht bis neun und Abends von drey bis sechs Uhr für die Besuche der Mitglieder offen blieben.
Unter den Vergnügungen, welche die Besuche dieser Anstalten gewährten, zeichnete sich vorzüglich die Excursion der ganzen Versammlung nach dem Link'schen Bade aus, wohin sie von den zwey gelehrten Dresdner Gesellschaften geladen war. Schon am Tage zuvor, am 19. September, waren die Ordner des Festes vorausgegangen, um zu dem Empfang der Gäste alles vorzubereiten. An der Elbbrücke standen Gondeln bereit, in welchen am 20. die Gäste, unter Anführung eines mit Musikern gefüllten Schiffes, ihre Fahrt antraten. Viele von den ausgezeichnetsten Bewohnern Dresdens, auch Minister, beehrten die Gesellschaft mit ihrer Gegenwart. Der ehrwürdige Dichter der Urania, Tiedge, verherrlichte das Fest durch ein eigenes, schönes Gedicht, das man, nebst mehreren andern für diese Gelegenheit, in Oken's Zeitschrift XX. Band IV. und V. Heft findet.
Von der Versammlung im Allgemeinen ist zuvorderst zu berichten, dass der am 19. September abgehaltenen Sitzung Se. königl. Hoheit der Prinz Johann beywohnte. Er wurde von dem ersten Geschäftsführer durch eine kurze, geeignete Anrede begrüsst.
Am 18. September als dem ersten Sitzungstage wurde die schon oben öfter in Anregung gebrachte Frage wiederhohlt, ob sich nicht mehrere der kleinen deutschen Gesellschaften zur Redaction ihrer Schriften zu einer einzigen vereinigen wollten. Die Marburger Gesellschaft zur Beförderung der Naturwissenschaft erklärte sich, durch ein eingesendetes Schreiben, dazu bereit, so wie auch die Altenburgische Gesellschaft des Osterlandes und die Görlitzer naturforschende Gesellschaft. Allein der definitive Beschluss dieses Gegenstandes musste bis zum 21. September verschoben werden, wo sich dann für diese Vereinigung die folgenden Gesellschaften erklärten. Die naturforschende Gesellschaft zu Altenburg, Leipzig, Marburg, Dresden, Halle, Breslau, Görlitz, die medicinische Gesellschaft zu Dresden und die Senkenbergische Stiftung. Am 22. September wurde endlich beschlossen, dem Präsidenten der Acad. Leopoldina nat. curios. den Antrag zu machen, die Schriften dieser neuen Academie herauszugeben. Die Arnold'sche Buchhandlung erklärte sich einstweilen bereit, den Verlag dieser gemeinsamen Schriften zu übernehmen und Seiler und Carus die Redaction derselben zu besorgen.
Weiter hält Hofrath Böttiger einen umständlichen Vortrag über eine neue Ausgabe und Übersetzung des ältern Plinius. Wir leben, sagt er, im Zeitalter der Encyclopädien, die den Rettungsbooten bey Überschwemmungen gleichen. Man will alles wissen und

kann doch nicht alles lesen. Aus den alten Zeiten aber ist die einzige auf uns gekommene Encyclopädie die sogenannte Naturgeschichte des ältern Plinius. Es ist die *Revue encyclopédique* von mehr als 2000 Schriftrollen. Er lebte in der Weltmetropole zu einer Zeit, wo der ganze bekannte Erdkreis ihr dienstbar war. Er sah selbst tausend Dinge, die für uns auf immer verloren sind. Er war kein Winkelschriftsteller, denn er gehörte zu den Männern, die nach Erlöschung der Julier selbst hätten Kaiser werden können. Nicht umsonst befahl daher schon Carl der Grosse, den Werth dieses Schatzes erkennend, dass jedes Kloster einen Plinius haben sollte, und bey der Wiederherstellung der Wissenschaften in Italien wurden daselbst eigene Lehrstühle für den Plinius gestiftet. Es wäre daher äusserst wünschenswerth, eine vollständige, und nichts zu wünschen übrig lassende Ausgabe dieses Protonotarius der alten Welt zu besitzen. Eine solche, in ihrem ganzen Umfange ausgeführt, kann nur das Werk Vieler seyn, und auch diese müssten noch von einem Monarchen unterstützt werden. Es würde dazu erfordert werden. 1. Eine kritisch-philologische Darstellung des Textes, 2. ein vollständiger Commentar mit einem Atlas; 3. eine allgemein verständliche Übersetzung mit Noten. Der bisher vorhandene beste Text ist wohl der von Berlier (Paris 1779, bey Barbau VI. Vol.). Bey dieser Arbeit müssten sich Philologie und Naturforschung die Hand biethen u. f.

Sechste Versammlung in München. 1827

Schon am 20. September des vorhergehenden Jahres wurde in der Versammlung zu Dresden die Wahl für den Ort und die Geschäftsführer der nächstfolgenden Versammlung vorgenommen. Nach der Regel sollte sie in Süddeutschland gehalten werden. Da sie schon einmahl in Bayern war, nähmlich in Würzburg, so hätte man Hessen, Baden oder Würtemberg nehmen können. Allein die Ideenverbindung brachte mit *Dresden* unmittelbar *München* in so enge Berührung, dass die allgemeine Stimme sich sogleich und entschieden für den letzten Ort erklärte. Die bekannte und allgemein verehrte Kunstliebe Seiner Majestät des Königs, die alte Academie, die neu begründete Universität Münchens, die Anzahl der dort vereinigten Gelehrten, so wie die der trefflichen naturhistorischen Sammlungen und öffentlichen sowohl als Privatanstalten, alles diess und noch manches Andere liess die Wahl nicht lange schwanken. Es wurde also für das Jahr 1827 zum Versammlungsorte *München*, und unter den daselbst wohnenden Gelehrten Hofrath Döllinger zum ersten, und Hofrath Martius zum zweyten Geschäftsführer gewählt.

Die Anzahl der Mitglieder war 156, worunter 87 Fremde und 69 aus München. Aus dem nahen Insbruck war keiner da.

Zu den Unterhaltungen, welche den Mitgliedern in München angebothen wurden, gehörten vorzüglich die mancherley Ausflüge in das Gebirge, nach Salzburg, Berchtesgaden, Reichenhall, an den Chiem-, Königs-, Tegern- und Starenberger-See, selbst nach dem benachbarten Tyrol und dem Schwarzwald, wohin ganze Caravanen vor und nach den Versammlungen zogen. Joseph Frank liess die Mitglieder förmlich einladen, wenn sie nach Oberitalien reisen, ihn in *Como* zu besuchen, und ihre Wohnung bey ihm an dem schönen Comersee zu nehmen.

Die geselligen Mittagstafeln zu dem äusserst geringen Preis von 36 Kreuzern rheinisch oder zu 30 Kreuzern österr. Conv. hatten in dem Saale des *Frohsinns*, und die Abendunterhaltungen im englischen Kaffeehause Statt. Wechselseitige Besuche bey den Bewohnern Münchens und Einladungen wurden stillschweigend abgeschafft, weil sie dem Zwecke der Versammlung entgegen sind. Nach dem Beyspiele Frankfurts und Dresdens wollte man Anfangs ein grosses gemeinschaftliches Mittagsmahl durch Subscription zusammenbringen, allein man ging wieder davon ab, weil man gefunden hat, dass solche Ehrenbezeigungen der Gesellschaft nicht förderlich zu seyn pflegen. Nur in grossen Städten, und wo reiche Einwohner sind, ist so etwas gut ausführbar: kleinere Universitätsorte Deutschlands müssten dann, wenn sie die Sitte nachmachen wollten, das Ganze mehr als eine Last betrachten, was doch nicht in den Wünschen der Versammlung liegen könne. Man fand es besser, sich so zu stellen, dass die kleinern Städte mehr Vortheil als Nachtheil von der Sache haben, wie es denn für solche Orte nicht unangenehm seyn kann, so viele Gäste durch acht und mehr Tage in ihrer Mitte zu haben, ohne mit ihrer Verpflegung beauftragt zu seyn. Die Frauen der Fremden wurden hier vielleicht weniger bedacht, als an manchen andern Orten, woraus aber den Bewohnern Münchens kein Vorwurf erwachsen kann. Die Universität ist noch neu, die Professoren sind noch nicht an einander gewöhnt, und jeder wohnt in der Nähe seiner Sammlung also alle in der ganzen Stadt zerstreut, daher sich die Familien seltener sehen, als in andern kleineren Universitätsstädten.

Die Versammlungen begannen am 18. und endeten am 22. September. Vor dem Schlusse der letzten Sitzung wurde die Einladung Sr. Majestät des Königs zu einem Gastmahle auf den folgenden Tag, Sonntag den 23. September, angezeigt. Die ganze Versammlung empfing diese sie ehrende Auszeichnung mit Rührung und Dankbarkeit. Bey diesem Gastmahle erschienen 117 Gäste im königl. Schlosse. Der Oberhofmarschall von Gumpenberg, der Minister Graf Armansperg und der Ministerialrath von Schenk waren an der Tafel. Nach deren Beendigung trat man in einen andern Saal, in welchen sogleich Se. Majestät der König kam, der sich die Gäste vorstellen liess und mit jedem auf das huldvollste sprach. Als er sich entfernte, begleitete ihn ein Lebehoch mit einer Innigkeit und Bewunderung, wie wohl nur selten gehört wurde.

Nachdem am 20. September die Sendschreiben der naturforschenden Gesellschaften zu Altenburg, Frankfurt a.M., Görlitz und Würzburg verlesen waren, wurde über eine jetzt am Ende des fünften Jahres der Versammlung auszuführende Änderung der Statuten, wenn sie nöthig seyn sollte, gesprochen. Viele Mitglieder wollten durchaus von keiner Veränderung der Statuten wissen, Andere, welche Änderungen verlangten, bezogen diese doch nur, nicht sowohl auf die Statuten selbst, als auf die Art der bisherigen Vorträge. Sie klagten sehr darüber, dass oft ganz ungehörige und noch öfter ganz unmässig weitläufige, auch wohl langweilige und leere Abhandlungen vorkämen, die noch überdiess ohne Kraft und Geschmack vorgetragen würden. Oft müsse man Dinge hören und sich Methoden fügen, die höchstens für Schüler passen. Auch drängen sich Menschen zum Vortrage, denen es an allen Erfordernissen dazu fehle. Gegen diese Übel wurden dreyerley Mittel vorgeschlagen: 1. Ein Ausschuss der zuerst angekommenen Gäste soll die eingereichten Abhandlungen prüfen, und die unpassenden beseitigen. Dagegen wurde bemerkt, dass sich nur Wenige zu diesem Geschäfte hergeben würden; dass es Feindschaften erregen und den ganzen Zweck der Gesellschaft zerstören würde: dass die zuerst Angekommenen zufälliger Weise die Jüngsten, Schwächsten seyn können u.s.f. 2. Den Geschäftsführern soll das Recht gegeben werden, diese *Sichtung* der Vorträge vorzunehmen. Dagegen bemerkte man, dass eine solche Autorisation unnöthig, ja schädlich sey: unnöthig, da die Geschäftsführer ohnehin die Redner vorrufen und also nur die rufen können, welche sie für angemessen halten; schädlich aber, für den Zweck der Gesellschaft nähmlich, weil jeder, der übergangen wird, sich zurückgesetzt, ja wohl gekränkt fühlen werde. Man solle daher die Leitung dieser Angelegenheit, wie bisher dem guten Willen und der Einsicht der Geschäftsführer überlassen, die, was geschehen kann, auch ferner thun werden. Auch habe die ganze Gesellschaft selbst Mittel genug, dem Übel zu steuern, wenn es zu beschwerlich wird. Hat die Versammlung Langeweile, so braucht man nur Unruhe zu bezeigen, aufzustehen, herumzugehen oder sich mit einander zu unterhalten. Wenn der Redner nicht taub ist, so wird er wohl von selbst bemerken, dass es Zeit sey, sein Bächlein zu sperren und dem Flusse seiner Rede ein Ende zu machen. 3. Als drittes Mittel endlich wurde vorgeschlagen, nicht mehr eigentliche *Vorlesungen* von geschriebenen Sachen, sondern nur *freye Vorträge* zuzulassen. Allein das könnte leicht schlimme Folgen haben. Nicht Alle haben das Talent des freyen Vortrags, obschon das, was sie mitzutheilen haben, sehr wichtig seyn kann. Viele Dinge, wie Classificationen u. dgl. kann man nicht in dem Gedächtnisse herumtragen. Überdiess verleitet ja der freye Vortrag oft noch mehr zu Ausschweifung und Geschwätze, als ein geschriebener Aufsatz. — Das Ende dieser Discussion war, dass alles beym Alten bleiben solle.

Siebte Versammlung in Berlin. 1828

Die *siebente Versammlung* im Jahre 1828 wurde in *Berlin* gehalten. Die Geschäftsführer derselben waren Baron Alexander von Humboldt und Professor H. Lichtenstein.
Der gemeinschaftliche Speisesaal wurde in dem noch nicht ganz vollendeten grossen Gebäude auf dem Carlsplatze zugerichtet, das zum Exerciren der Truppen bestimmt ist. Es enthielt 20 Tische, jeden zu 24 Gedecken, also für 480 Gäste, weil täglich auch viele einheimische Personen zu Gaste kamen. In der Mitte dieser Tische wurden zwey Liedertafeln errichtet, deren Mitglieder, an der Zahl 72, aus den musikalischen Gesellschaften und den Theatern Berlins genommen wurden. Zur Bestreitung der Ausgaben

Faksimilidruck auf gegenüberliegender Seite 51: *„Eigenhändige Unterschriften der Herren Mitglieder der Versammlung deutscher Naturforscher und Ärzte"*

Nikolaus Heinrich Julius	D.[er] Arzneik.[unde] Do.[ktor]	Hamburg
Oken	Prof. zu	München
Schübler	Prof. zu	Tübingen
Wiegmann	Dr. phil.	Berlin
Runge	Dr. med.	Breslau
L. C.Walmsted	Professor	Upsala
Ratzeburg	Dr. med.	Berlin
Jos. Elliot	Dr. med. et Philos.	Stockholm
E. d'Alton	Dr. med.	Berlin
Imm. Ilmoni	Dr. med.	Åbo in Finnland
Hornschuch	Professor	Greifswald
Dr. Münz	Hofr.[ath] und Professor	Landshut

Umdruck aus der Hofkammer. Lithographie. Aus: Amtl. Berichten der Versammlungen zu Jena 1836 und zu Berlin 1828.

Nikolaus Heinrich Julius	D. Arzneik. D.	Hamburg
Oken	Prof. zu	München
Schübler	Prof zu	Tübingen
Wiegmann	Dr. philos.	Berlin.
Runge	Dr. Med.	Breslau.
L. L. Walmstedt	Professor	Upsala
Ratzeburg	Dr. Med.	Berlin.
Jos. Elliot	Dr Med. et Philos.	Stockholm
Ed. d'Alton	Dr. med.	Berlin.
Imm. Ilmoni	Dr Med.	Åbo in Finnland
Hornschuch	Professor	Greifswald
Dr. Münz	Hofr. u. Professor	Landshut

4*

wurde den Geschäftsführern von Sr. Majestät dem Könige eine bestimmte Summe angewiesen. Ausser den Frauen und Töchtern der auswärtigen Gelehrten erschienen keine Damen bey Tische. Die Toaste wurden nur von dem ersten Geschäftsführer ausgebracht. Die Anzahl aller gegenwärtigen Mitglieder der Versammlung betrug 458, unter welchen 195 Berliner. Allgemeine Sitzungen wurden sechs gehalten, am 18., 19., 20., 22., 23. und 24. September. Doch dauerten die Sectionssitzungen und selbst die Mittagsbesuche noch bis zum 28., obschon an den letzten Tagen die Zahl der Anwesenden bereits merklich abgenommen hatte. Am 18. September Abends gab von Humboldt ein Fest im Concertsaale des königl. Schauspielhauses, das von 6 bis 9 Uhr währte und durch die Gegenwart Sr. Majestät, so wie durch die Ihrer königl. Hoheiten, des Kronprinzen und des Prinzen Albrecht verherrlicht wurde. Am 19. fuhr die Gesellschaft nach der Mittagstafel in den königl. botanischen Garten zu Schönberg, von welchem sie Abends zur Zeit des Anfangs der Theater wiederkehrte. Am 21., als einem Sonntag, wurde, unter Anführung der beyden Geschäftsführer, ein botanisch-geognostischer Ausflug nach dem benachbarten Kreuzberg gemacht und am 27. wurde eine Spazierfahrt nach Potsdam unternommen, wo die Mitglieder Abends im Casino bewirthet wurden. Noch muss bemerkt werden, dass bey dieser Versammlung zuerst die Aufnahmskarten, und die Theilung der Gesellschaft in *Sectionen* eingeführt wurde, und dass auch von ihr der erste eigentliche Bericht der Geschäftsführer erschienen ist.

Faksimiledruck auf gegenüberliegender Seite 53: „*Eigenhändige Unterschriften der Herren Mitglieder der Versammlung deutscher Naturforscher und Ärzte*"

A[lexander] v[on] Humboldt	Kön. Pr. Kammerherr	Berlin
Jac. Berzelius	Professor in	Stockholm
C. G. C. Reinwardt	Professor in	Leyden
C. A. v. Kamptz	Wirklicher Geheimer Rath u. Director im Ministerium des öffentlichen Unterrichts [in	Berlin]
H. C. Ørsted [Oersted]	Professor in	Kopenhagen
C. F. Gauss	Hofrath in	Göttingen
Fr. Tiedemann	Geheimerath u. Professor in	Heidelberg
Leopold Gmelin	Professor	Heidelberg
L. Fr. Froriep	G. S. Obermedicinalrath in	Weimar
C. Hufeland	Staatsrath und Leibarzt in	Berlin

Umdruck aus der Hofkammer. Lithographie. Aus: Amtl. Berichten der Versammlungen zu Jena 1836 und zu Berlin 1828.

AlHumboldt. Kön. Pr. Kammerherr Berlin.

Jac. Berzelius Professor in Stockholm

C.G.C. Reinwardt, Professor in Leyden

C. A. v. Kamptz wirklicher Geheimer Rath Director im Ministerium des öffentlichen Unterrichts

H. C. Ørsted Professor in Kopenhagen

C. F. Gauss Hofrath – Göttingen

Fr. Tiedemann Geheimerrath und Professor in Heidelberg

Leopold Gmelin Professor Heidelberg.

L. F. v. Froriep Dr. G. S. Ober-Medicinalrath in Weimar.

D. Hufeland Staatsrath und Leibarzt in Berlin

Zum Andenken an diese Versammlung liess Herr Münzrath Loos eine Medaille prägen, die das Bild der Isis mit der Umschrift enthielt: *Certo digestum est ordine corpus.* Derselbe kündigte zugleich eine Reihenfolge von Bildnissdenkmünzen ausgezeichneten Naturforscher und Ärzte an, von welchen auch bereits mehrere erschienen sind. — Umständlichere Nachrichten über diese Versammlung findet man in Oken's Isis 1829 Heft III. und IV.; in dem „Ämtlichen Bericht der Berliner Versammlung von A. v. Humboldt und H. Lichtenstein" Berlin 1829 bey Trautwein; und endlich in der Schrift: „Die Versammlung deutscher Naturforscher und Ärzte in Berlin, kritisch beleuchtet. Leipzig 1829."

Achte Versammlung in Heidelberg. 1829

Die *achte Versammlung* im Jahre 1829 wurde in *Heidelberg* gehalten, wo Herr Tiedemann erster, und Herr Gmelin zweyter Geschäftsführer war.

Faksimiledruck auf gegenüberliegender Seite 55: „*Eigenhändige Unterschriften der Herren Mitglieder der Versammlung deutscher Naturforscher und Ärzte*"

H. Lichtenstein	Dr. Geh. Med. Rath u. Professor aus	Berlin
Wilh. Ambr. Barth	Buchhändler aus	Leipzig
Dr. Victor Jacobi	Privatdocent in	Leipzig
Dr. Joh. Casimir Buck		
Dr. C. A. Sigm. Schultze	Hofrath u. Professor in	Greifswald
J. J. d'Omalius d'Halloy	Naturforscher in	Halloy
Paulßen	Dr. jur. aus	Jena
Wilhelm Weber	Professor aus	Göttingen
Eduard Weber	Prosector aus	Leipzig
Dr. Carl Friedrich Gruner (?)	aus	Jena
Ernst Heinrich Weber	Prof. aus	Leipzig
Bernhard Cotta	Dr. ph. aus	Tharand
August Cotta	Forstinspector aus	Tharand
Heinrich Cotta	Oberforstrath aus	Jena
Rud. Boettger	Lehrer d. Phys. und Chemie in	Frankfurt a. M.
Dr. Friedrich Phillipp Ditterich	Prof. aus	Leipzig
Dr. Heinr. d'Oleira	Geheimer Hofrath und Brunnenarzt aus	Breslau
Dr. Fr. Orlotz	Oberappelationsrath in	Jena

Umdruck aus der Hofkammer. Lithographie. Aus Amtl. Berichten der Versammlungen zu Jena 1836 und zu Berlin 1828.

Dr. Lichtenstein, Geh. Med. Rath u. Professor aus Berlin
Dr. Wilh. Ambr. Barth, Buchhändler aus Leipzig
Dr. Victor Jacobi Privatdocent in Leipzig.
Dr. Joh. Casimir Beck
Dr. C. A. Sigm. Schultze Hofrath u. Professor in Greifswald.
J. J. d'Omalius d'Halloy, naturforscher in Halloy
Paulßen Dr. jur. aus Jena
Wilhelm Weber, Professor aus Göttingen.
Eduard Weber Prosector aus Leipzig
Dr. Carl Friedr. Naumann, aus Jena!
Ernst Heinrich Weber Prof. aus Leipzig.
Bernhard Cotta Dr. ph. aus Tharand.
August Cotta Forstinspector aus Tharand
Heinrich Cotta Oberforstrath aus Tharand
Rud. Boettger Lehrer d. Phys. u. Chemie in Frankfurt a/M.
Dr. Friedrich Philipp Ritterich Prof. aus Leipzig.
Dr. Heinr. d'Oleire Geheimer-Sekretär zu Braunschweig aus Bremen
Dr. Fr. Ortloff Oberappellationsrath in Jena.

Die Anzahl der Mitglieder dieser Versammlung war 273, nähmlich 193 ausländische, 49 aus dem Grossherzogthume Baden und 31 aus Heidelberg. Auf das Gesuch der Geschäftsführer geruhte Se. königl. Hoheit der Grossherzog, nicht nur die volle Erlaubniss zur Versammlung zu ertheilen, sondern auch die Bestreitung der dabey nothwendigen Ausgaben besorgen zu lassen. Die allgemeinen Versammlungen wurden am 18., 19., 21., 22., 23. und 24. September gehalten. Die Sectionssitzungen hatten in dem Museums-Gebäude Statt, wie auch die Mittagstische. Dieses Gebäude wurde von der Heidelberger Museums-Gesellschaft der Versammlung für die Zeit ihrer Zusammenkunft freundlich abgetreten. Die meistens ungünstige Witterung verhinderte grössere Excursionen in die schönen Umgebungen, doch wurden immer noch einige Ausflüge unternommen, wobey man die Bemerkung machen wollte, dass eben durch dieses üble Wetter die Gesellschaft im gemeinschaftlichen Versammlungsorte an einander gehalten, und dadurch ihrem eigentlichen Zwecke näher gebracht wurde. Die sehr langen Antritts- und Abschiedsreden wurden von dem ersten Geschäftsführer gehalten. Hr. Lichtenstein aus Berlin, als vorjähriger zweyter Geschäftsführer, schloss, der bisher beybehaltenen Sitte gemäss, die Versammlung mit einer zweckgemässen Dankrede an die Geschäftsführer dieses Jahres. Umständlichere Nachrichten über diese Versammlung finden sich in Oken's Isis 1830 Heft V., VI., und VII. und in dem „Berichte dieser Versammlung. Heidelberg 1829 bey Winter."

Neunte Versammlung in Hamburg. 1830

Die *neunte Versammlung* im Jahre 1830 hatte in *Hamburg* Statt, wo Herr Bürgermeister Bartels der erste, und Herr Dr. Fricke der zweyte Geschäftsführer war. Der hohe Senat und das erste bürgerliche Collegium Hamburgs nahmen nicht nur das Ansuchen der Geschäftsführer auf das Beste auf, sondern verbanden auch damit den Auftrag an dieselben, nichts zu versäumen, was zur Förderung der wissenschaftlichen Zwecke der Gesellschaft dienen könne, so wie sie zugleich eine bestimmte Summe bewilligten, um die erforderlichen Kosten der Versammlung zu decken.

Der Mitglieder waren 412, worunter 258 Ausländer, und 154 aus Hamburg. Unter jenen bemerkte man 2 aus Amerika, 67 aus Dänemark, 9 aus England, 2 aus Frankreich, 9 aus Österreich, 4 aus Pohlen, 58 aus Preussen, 9 aus Russland und 12 aus Schweden. Es wurde bemerkt, dass die Anzahl der Fremden noch viel grösser geworden wäre, wenn die um diese Zeit in Deutschland und den Niederlanden ausgebrochenen Unruhen nicht so viele zu kommen verhindert hätten. Eine ähnliche und vielleicht noch gegründetere Bemerkung musste man in der nächst folgenden Versammlung zu Wien machen, wo im ersten Jahre die Zusammenkunft ganz unterblieb und im zweyten kaum die Hälfte von den Erwarteten erschien, weil die in Deutschland und den Nachbarländern sich verbreitende Epidemie ihnen nicht erlaubte, ihre Wohnsitze zu verlassen.

Allgemeine Sitzungen wurden in Hamburg nur vier gehalten, am 18., 20., 22. und 25. September. Desto zahlreicher waren die Sitzungen der fünf Sectionen, nähmlich der physisch-chemischen, der mineralogisch-geognostischen, der zoologisch-physiologischen, der botanischen und der medicinischen Section. Der erste Geschäftsführer hielt am 18. eine sehr passende Antrittsrede und am 25. den Abschiedsgruss, der, nach hergebrachter Sitte, von dem Geschäftsführer der vorigen Versammlung, Herrn Tiedemann, erwiedert wurde.

Die Einrichtungen zum Empfang und zur gastfreundlichen Aufnahme der Mitglieder waren ausgezeichnet. Schon mit dem Anfange des Jahres 1830 vereinigten sich die beyden Geschäftsführer mit siebenzehn Naturforschern und Ärzten Hamburgs und des benachbarten Altona's zu jenem Zwecke, wodurch eine Art von vielgliedriger Commission entstand, welche für alle künftigen Bedürfnisse der Gesellschaft auf das thätigste sorgte. Mehrere von ihnen vereinigten sich zur Abfassung eines eigenen Werkes: „Hamburg in naturhistorischer und medicinischer Beziehung", welches Herr Dr. Schmidt ordnete und redigirte, und welches jedem einzelnen Mitgliede als ein eben so angenehmes als lehrreiches und passendes Geschenk angebothen wurde. Andere Glieder dieser Commission wurden bestimmt, über Gegenstände der verschiedenen Fächer der Naturwissenschaften und Medicin den Fremden Auskunft zu geben, sie herumzuführen u. s. w.

Zum Empfangssaale der Fremden trat Herr Senator Dammert den grossen Saal im Stadthause ab. Zu den gemeinschaftlichen Mittagstischen und Abendunterhaltungen wurde von dem Senate der Apollosaal, als das grösste Local Hamburgs, gemiethet. Dieser Mittagstisch war auf 500 Gedecke gerichtet, nebst zwey grossen Liedertafeln, die unter der Direction des Herrn Methfessel die Gäste mit ihren Liedern unterhielten. Zu den öffentlichen allgemeinen Versammlungen both Hr. von Hosstrup sein schönes Local „die Börsenhalle" so wie die damit verbundenen Lesezimmer bereitwillig an. Die Direction der „Harmonie" öffnete ebenfalls ihre ausgezeichneten Lesezimmer für die fremden Gäste.

Von den Ausflügen und Spaziergängen bemerken wir 1. die in die Elbgegenden und in den grossen botanischen Garten der Brüder Booth in Flottbeck am 19. September, wozu eine angemessene Anzahl Wägen um bestimmte Preise in Hamburg bereit standen. Die Gesellschaft war entzückt über die ausgebreitet schönen Anlagen, die trefflichen Gewächshäuser, den Reichthum in einzelnen Pflanzengattungen, über die eigens für die Versammlung bestellte, in Wachs poussirte Rafflesia und endlich über die grosse Liberalität, mit welcher die Gebrüder Booth auf eine höchst sinnige und splendide Weise für ein Frühstück gesorgt hatten. Nach dem Besuch dieses Gartens, der nur wenige seines Gleichen in Europa hat, fuhr die Gesellschaft nach Blankensee, verweilte bey Klopstock's Grabe in Ottensee und kam Abends um 3 Uhr wieder nach Hamburg zurück. 2. Am 20. September wurde der durch die Benzenbergischen Versuche bekannte Michaelisthurm bestiegen und das allgemeine Krankenhaus besucht, wo den Mitgliedern dort von den Doctoren Mönckeberg und Plath der Anblick der Stadt und die Aussicht in die Umgebungen, hier aber von den Vorstehern des Hospitals, Winter und Kreep, die innere Einrichtung desselben auf das bereitwilligste gezeigt und erklärt wurde. 3. Am 21. September Morgens versammelte sich ein grosser Theil der Gesellschaft im botanischen Garten, um ihn unter der Leitung des Vorstehers desselben, Herrn Professor Lehmann, näher kennen zu lernen, worauf ein gastliches Frühstück unter zwey mit Blumen geschmückten Zelten eingenommen wurde. 4. Vom 22. bis 25. September endlich unternahm die Gesellschaft eine Seereise nach der benachbarten Insel Helgoland in dem dazu von der Stadt gemietheten holländischen Dampfschiffe *Willem de Eerste*. Die Fahrt begann Mittwoch den 22. September des Morgens um 5 Uhr.

Die Zahl der Personen am Bord betrug 178. Bey dem heitersten Wetter fuhr man die schönen Elbgegenden bey Blankensee, Stade und Glücksstadt vorbey und erreichte um Mittag Cuxhafen, wo alle Schiffe im Hafen und auf der Rhede flaggten und wo das Hamburger Wachschiff dreymahlige Salven gab. Hier wurde gelandet und der Flecken mit seiner Umgebung besucht. Am Abend versammelte man sich im Badehause, wo Herr Lichtenstein aus Berlin eine interessante Abhandlung über die Insel Helgoland vorlas. Am 23. Morgens schiffte man sich wieder ein, und erblickte bald darauf bey dem schönsten Wetter das gränsenlose Meer. In wenigen Stunden lag auch Helgoland vor Augen. Das Dampfboot umschiffte die Insel, um sie den Reisenden von allen Seiten zu zeigen. Um Mittag landete die Gesellschaft unter dem Donner der Kanonen, bezog zum Theil die für sie bestellten Privatwohnungen oder durchstreifte gruppenweise die Insel. Abends war Tanz und Unterhaltung im Gasthofe, wo die kernigen, blühenden Insulanerinnen von den Reisenden zum Tanz geführt wurden. In der Nacht erhob sich ein heftiger Sturm, der noch am Morgen des 24. September fortdauerte. Man konnte das Dampfschiff mit Booten nicht erreichen. Der Capitän musste sich mehr unter den Wind legen, aber selbst itzt war das Einsteigen nicht ohne Gefahr, doch ereignete sich kein Unglück. Im Sturme noch fuhr das wieder bemannte Dampfschiff ab, wurde aber von eben demselben nur um so schneller an die Mündung der Elbe getragen. Froh und heiter glitt es die Elbufer wieder zurück und landete abends 7 Uhr in dem Hamburger Hafen.

Noch muss bemerkt werden, dass zum Andenken dieser Versammlung der bereits erwähnte Medailleur Loos in Berlin, eine Münze verfertigte, die nebst mehreren andern auf die Versammlungen sich beziehenden Denkmünzen an die Mitglieder verkauft wurde. Ebenso wurden die Porträte mehrerer ausgezeichneter deutscher Gelehrten, von Rossmäsler in Kupfer gestochen, ausgelegt. Der treffliche Künstler will diese Sammlung fortsetzen und allmählig alle vorzüglichen Mitglieder der Versammlung mit seinen wohlgetroffenen Bildern bedenken.

Das Erscheinen der Cholera in Europa veranlasste Herrn Geh.-Rat Harless aus Bonn zu dem Vorschlage, den Regierungen Mittel anzuzeigen, durch welche dem weitern Verbreiten dieser Krankheit Gränzen gesetzt werden könnten. Herr Dr. Julius aus Hamburg erklärte sich dagegen und suchte die Nichtcontagiosität der Krankheit darzuthun. Es wurde kein Beschluss über den Antrag gefasst, was um so mehr zu bedauern seyn mag, da das kaiserl. russische Consulat am folgenden Tage, am 26. September eine Aufforderung an die Ärzte über diesen hochwichtigen Gegenstand vorlegte. Da aber die Zeit der Versammlung vorüber war, so konnte diese Angelegenheit nicht weiter erörtert werden.

Die Discussion in Betreff der nächstfolgenden Versammlung endlich wurde in der allgemeinen Sitzung des 21. Septembers eröffnet. Herr Graf Sternberg trug darauf an, für das nächste Jahr *Wien* zu wählen und andere Mitglieder unterstützten diesen Vorschlag, der denn auch sofort mit allgemeinem Beyfalle angenommen wurde. Hierauf wurde Herr Baron von Jacquin, Regierungsrath und Professor, zum ersten, und Littrow, Director der Sternwarte in Wien, zum zweyten Geschäftsführer der nächstfolgenden Versammlung gewählt. Umständlichere Nachrichten von der Versammlung in Hamburg findet man in dem „Berichte über die Versammlung der Naturforscher und Ärzte in Hamburg von Bartels und Fricke, Hamburg bey Perthes und Besser 1831“ und in Oken's Isis 1831.

Zehnte Versammlung in Wien. 1832

Da die letzte jährliche Versammlung der Gesellschaft deutscher Naturforscher und Ärzte in Hamburg i. J. 1830 Statt hatte, so sollte die nächstfolgende in Wien auf das Jahr 1831 fallen. Nachdem die beyden Geschäftsführer der Versammlung in Wien die ersten Einleitungen getroffen hatten, erliessen sie im May 1831, durch alle inländischen und die vorzüglichsten der fremden Zeitungen, an die Mitglieder dieser Versammlung folgende Einladung:

„Mit allerhöchster Genehmigung Sr. k. k. Majestät wird die zehnte Versammlung „deutscher Naturforscher und Ärzte i. J. 1831 in Wien Statt haben. Die Sitzungen beginnen am 19. und enden am 27. September dieses Jahres. Die Herren Mitglieder „werden ersucht, sich vom 12. bis 18. September, Vormittags von 9 bis 11 und Abends „von 4 bis 6 Uhr in dem Universitätsgebäude, Bäckerstrasse Nr. 756, einzufinden, wo „die unterzeichneten Geschäftsführer anwesend seyn werden, um die Mitglieder einzuschreiben, ihnen die Aufenthaltsscheine zu ertheilen und sie mit den vorhandenen „Wohnungen sowohl, als auch mit den näheren Einrichtungen der Gesellschaft bekannt zu machen."

Wien, am 31. May 1831

Joseph Freyherr von Jacquin
J. J. Littrow

Allein diese Einladung würde, auch wenn sie später nicht zurückgenommen worden wäre, keinen erfreulichen Erfolg gehabt haben. Die Krankheit, welche seitdem einen grossen Theil von Deutschland und selbst westlicher gelegene Länder verwüstet hat, näherte sich mit schnellen Schritten der Hauptstadt des österreichischen Kaiserreiches. Schon um die Mitte Augusts konnte man nicht mehr an ihrem nahe bevorstehenden Besuche zweifeln. Eine sehr gesteigerte Liebe zur Selbsterhaltung, dieser mächtigste Trieb jedes lebenden Wesens und eine ganz besondere Furcht bemächtigte sich aller Gemüther bey der Annäherung dieses Übels. Wer sollte zu uns kommen, um vielleicht nie mehr zurückzukehren? Wer sollte seine Freunde und Angehörigen verlassen, zu einer Zeit, wo Rath und gegenseitige Hülfe so nothwendig war? Und mit welcher Stimmung sollten wir selbst, mitten unter ängstlichen Besorgnissen, uns den Freuden der Gesellschaft und den wissenschaftlichen Untersuchungen hingeben, die beyde äussere Ruhe und Friede im Innern voraussetzen. — Diese Betrachtungen und eine wenig erfreuliche Masse von Briefen und Nachrichten*) unserer zu erwartenden Freunde, waren mehr als hinreichend, den Entschluss der Vertagung der Zusammenkunft zu veranlassen und die nächste Versammlung der Mitglieder auf eine spätere, glücklichere Zeit zu bestimmen. Diess geschah nach erhaltener Bewilligung Sr. k. k. Majestät vom 19. August 1831, durch folgende Anzeige in den öffentlichen Blättern:

„Nach eingeholtem Rathe und vielseitig ausgesprochenem Wunsche einer grossen „Anzahl der achtbarsten Naturforscher und Ärzte Deutschlands, haben die für die „zehnte Versammlung deutscher Naturforscher und Ärzte gewählten Geschäftsführer „die Ehre, ihre Herren Collegen geziemend zu benachrichtigen, dass in Rücksicht des „anerkannten bedenklichen Gesundheitszustandes eines Theiles von Deutschland und „den angränzenden Ländern und dessen unvermeidlichen Folgen, die zehnte Ver„sammlung dieser Gesellschaft mit allerhöchster Genehmigung Sr. k. k. Majestät auf das nächste Jahr 1832 verschoben worden ist, und dass sie dann das Nöthige darüber „seiner Zeit bekannt machen werden."

Wien, den 24. August 1831.

Nicht viel fehlte, um auch dieser Vertagung eine zweyte ähnliche nachfolgen zu lassen. Die Cholera, welche am 15. September 1831 in Wien mit Heftigkeit ausgebrochen war, schien in den Wintermonathen ganz verschwunden zu seyn. In dem folgenden Frühlinge aber erwachte sie wieder in der Hauptstadt und der Umgegend, und wurde in den Monathen Juny, July und August 1832 nicht minder heftig und allgemein, als sie es im vorhergehenden Herbste gewesen war. Desto verschiedener war die Stimmung, in welcher sie uns bey ihrem zweyten Besuche angetroffen hat. Ohne eben klüger geworden zu seyn (gilt doch diess nicht einmahl von den Ärzten, die immer noch über die Hauptmomente dieser Krankheit uneins sind) waren wir doch ruhiger geworden. Jene erste panische Furcht hatte sich ganz verloren, und selbst die ärmeren Classen, denen doch der zweyte Besuch vorzüglich zu gelten schien, sahen den Umtrieben des wiederkehrenden aufdringlichen Gastes mit einer beynahe philosophischen Apathie zu und gingen ungestört ihren Geschäften und Vergnügungen nach. Da diese Stimmung

*) Unter andern von dem Herrn Grafen von Sternberg, Hofrath Oken in München, Hofrath Lichtenstein und Legationsrath Olfers in Berlin, Ritter Martius in München, Hofrath Schrader in Göttingen, Professor Lehmann in Hamburg u. s. w. Andere forderten sogar in den öffentlichen Blättern die Vertagung der Wiener Versammlung oder die Verlegung derselben für das Jahr 1831 nach Braunschweig, Cassel, Giessen u. s. f. und trugen auf Stimmensammeln der Gelehrten an. Man sehe: Allgemeinen Anzeiger und Nationalzeitung der Deutschen vom 24. August 1831, Nr. 229.

auch auf uns Einfluss hatte, so wagten wir es, wohlgemuth auf nahe bessere Zeiten hoffend, schon am 12. Juny unsere erste Einladung für den 18. September 1832 in den bekanntesten öffentlichen Blättern zu wiederholen.

Der Erfolg war günstiger, als wir erwarten konnten. Der lästige Gast, der ein volles Jahr bey uns gehauset hatte, machte mit Ende Augusts sehr deutliche Anstalten zur Abreise und als am 12. September, dem ersten Aufnahmetag der Mitglieder, die lieben, lang ersehnten Freunde kamen, war jener Fremdling schon beynahe ganz verschwunden, so dass mit Ende Septembers kaum mehr eine Spur von ihm gefunden werden konnte.

Die beyden Geschäftsführer hielten es für ihre erste Sorge, sich mit mehreren ausgezeichneten Naturforschern und Ärzten der Hauptstadt in Verbindung zu setzen, um gemeinschaftlich mit ihnen die Vorkehrungen zum Empfange der Gesellschaft zu treffen. Sie finden sich verpflichtet, ihnen für die Bereitwilligkeit, mit welcher sie den Ersuchen der Geschäftsführer entgegengekommen sind, so wie für den regen Eifer zu danken, den sie, als Eingeborene, bey der Aufnahme und der Anleitung der Fremden während den Besuchen unserer zahlreichen Museen und Anstalten entwickelt haben.

Nachdem sie dieser Hülfe ihrer Freunde versichert waren, wandten sie sich an die hohen und höchsten Stellen des Landes, sie um ihre gütige Unterstützung zu bitten. Mit dem innigsten Danke erkennen sie, dass die edelste Liberalität und der regste Eifer derselben in der Ausführung des kaiserlichen Willens ihnen nichts zu wünschen übrig liess. Die nächste Folge dieser Bitte der Geschäftsführer war eine Berathung Ihrer Excellenzen: des Herrn Staats- und Conferenzministers, Grafen von Kolowrat; des Herrn obersten Kanzlers und Präsidenten der Studien-Hofcommission, Grafen von Mittrowsky; des Herrn Präsidenten der obersten Polizey-Hofstelle, Grafen von Sedlnitzky; des Herrn Präsidenten der allgemeinen Hofkammer, Grafen von Klebelsberg; des Herrn Grafen von Sternberg und des Herrn Vicepräsidenten von Eichhoff, welcher der erste Geschäftsführer beywohnte. Im Antrage Sr. Durchlaucht des Herrn Haus-, Hof- und Staatskanzlers, Fürsten von Metternich, wurde den Geschäftsführern folgendes Programm zugesendet:

1. „Die Geschäftsführer der Gesellschaft der Naturforscher und Ärzte haben wegen der „zu ihren Ausgaben erforderlichen Summe ein Gesuch bey dem Präsidenten der „Studien-Hofcommission mit der Bitte einzureichen, dasselbe Seiner Majestät vor„legen zu wollen."

2. „Die Bekanntmachung der abzuhaltenden Versammlungen ist in die in- und aus- „ländischen Zeitungen einzurücken."

3. „In Betreff der Quartiere zur Wohnung und der Räume für die Sitzungen, Mittags- „tafeln und Abendzusammenkünfte haben sie die geeigneten Schritte bey Sr. Excellenz „dem Herrn Präsidenten der Polizey-Hofstelle zu machen, der zu diesem Zwecke die „erforderlichen Verfügungen erlassen wird."

4. „Zur Vermeidung jeder Unannehmlichkeit an den Gränzen des Landes und an den „Linien Wiens, haben sie Se. Excellenz den Herrn Präsidenten der allgemeinen Hof- „kammer um Erlassung der angemessenen Befehle an die Gefällsbeamten zu ersuchen."

5. „Zur Entfernung aller Unbequemlichkeiten bey Beobachtung der polizeylichen „Vorschriften werden die Geschäftsleiter sich bey dem Herrn Präsidenten der Polizey- „Hofstelle verwenden, welcher sich bereit erklärt, einen Beamten zu dem Bureau „abzuordnen, wo die Eintrittskarten erfolgt werden, welche zugleich die Stelle der „Aufenthaltskarte vertreten, wodurch alle persönliche Stellung der Mitglieder bey der „Polizey vermieden wird."

6. „Um endlich den Mitgliedern den Besuch der sehenswerthesten Anstalten und „Museen zu erleichtern, wird die Einrichtung getroffen werden, dass während der „Dauer der Versammlung bestimmte Stunden ausschliessend für die Mitglieder der „Gesellschaft, gegen Vorzeigung der Aufenthaltskarten, vorbehalten werden, zu welchen „Stunden diese Anstalten für das übrige Publicum geschlossen bleiben. Zu diesem „Zwecke werden sich die Geschäftsleiter mit den Vorstehern der öffentlichen und mit „den Eigenthümern der Privatanstalten in Einvernehmen setzen und den Präsidenten „der Studien-Hofcommission, so wie diejenigen Behörden, welchen die öffentlichen „Anstalten unterstehen, um die erforderliche Weisung ersuchen."

Diese Berathung der Herren Minister und Präsidenten hatte für die Versammlung der Gesellschaft die erfreulichsten Folgen. Sofort wurden an die Vorsteher aller öffentlichen Anstalten von ihren Chefs angemessene und eindringende Rescripte erlassen, in welchen denselben ihr eifriges Mitwirken zu dem gemeinsamen Zwecke empfohlen ward. Der Kürze wegen wird hier nur eines dieser Rescripte mitgetheilt:

„Die im vorigen Jahre unterbliebene Versammlung des Vereins deutscher Natur- „forscher und Ärzte wird mit allerhöchster Bewilligung im Monathe September 1832 „zu Wien Statt haben und am 18. dieses Monathes beginnen."

„Zu diesem Zwecke hat mir die k. k. allgemeine Hofkammer durch ihren Herrn „Vicepräsidenten den Wunsch eröffnet und mich um meine Mitwirkung ersucht, diesen

„Männern die Wege zu den bestehenden wissenschaftlichen Sammlungen und An-
„stalten zugänglich zu machen und ihnen mit Bereitwilligkeit entgegenzukommen, so
„fern es sich darum handelt, dem Vereine seinen Aufenthalt im Mittelpuncte so vieler
„gemeinnütziger, vaterländischer Institute, in Beziehung auf sein literarisches Wirken,
„interessant und angenehm zu machen."
„Ich sehe mich demnach veranlasst, für den Fall, dass die Mitglieder dieser Gesellschaft
„Ihre Anstalt besuchen, anzuweisen, dass dieselben durchgehends zuvorkommend auf-
„genommen, in der Anstalt herumgeführt und mit der gehörigen Achtung und Auf-
„merksamkeit behandelt werden."

Wien, den 16. September 1832.

Wir erwähnen hier noch *zweyer* anderer Rescripte, welche den Geist noch näher bezeichnen, mit welchem die Versammlung von den hohen Behörden des Landes aufgenommen werden sollte. Folgendes Schreiben Sr. Excellenz des Herrn Grafen von Klebelsberg, Präsidenten der k. k. allgemeinen Hofkammer, wurde am 10. Juny an die Geschäftsführer erlassen:

„Ich setze Sie in Kenntniss, dass ich bereits das Nöthige verfügt habe, um versichert zu
„seyn, dass die ausländischen Mitglieder der Gesellschaft der Naturforscher und Ärzte,
„welche sich im September d. J. hier in Wien versammeln sollen, in zollämtlicher Be-
„ziehung keine Unannehmlichkeit befahren und zu keiner Beschwerde Anlass finden
„werden."

Schon am 31. May erhielten die Geschäftsleiter von Sr. Excellenz dem Herrn Grafen von Sedlnitzky, Präsidenten der k. k. Polizey-Hofstelle, die Zuschrift, dass Se. k. k. Majestät die Versammlung der Gesellschaft in Wien allergnädigst zu bewilligen geruht haben, mit dem Zusatze: „Indem ich Ew. . . . von diesem allerhöchsten Ent-
„schlusse in die Kenntniss setze, erlaube ich mir das Ersuchen beyzufügen, dass es Ihnen
„gefällig seyn wolle, in allen Fällen, wo sie zur Förderung der Zwecke gedachter Ver-
„sammlung oder bey sonstigen darauf Bezug habenden Anlässen und Ergebnissen,
„meine Verwendung in Anspruch nehmen oder mir hierwegen Mittheilungen zu
„machen finden, sich direct an mich zu wenden. Ich werde es mir zur eigenen Ange-
„legenheit machen, so weit es in meinem Wirkungskreise liegt, Ihren diessfälligen
„Wünschen mit Vergnügen zu entsprechen."

Wenn sonach die allgemeinen und öffentlichen Geschäfte, welche sich vorzüglich auf die gastliche Aufnahme der Gesellschaft bezogen, auf das Beste geordnet wurden, so war noch eine nicht geringe Anzahl anderer Bedürfnisse übrig, die zum Gedeihen des Ganzen nicht weniger befriediget werden sollten, und die häufig der Art waren, dass sie, von unvorhergesehenen Umständen erzeugt, sich nicht vorausbestimmen liessen. Endlich wurde beschlossen, zu den allgemeinen Versammlungen den letzterwähnten grossen Saal der neuen Universität, zu den Mittagstischen die beyden Säle des k. k. Augartens und zu den abendlichen Zusammenkünften der Mitglieder den Casinosaal am neuen Markte zu nehmen. Der Speisesaal wurde täglich festlich mit Blumen geschmückt und der Casinosaal jeden Abend wie zu einem Balle beleuchtet. Die Folge zeigte, dass diese Räume genügten und den wissenschaftlichen und gastlichen Wünschen der Gesellschaft vollkommen entsprachen. Die Wahl des erwähnten Universitätssaales für die allgemeinen Versammlungen vereinigte noch den Vortheil, in *demselben* Gebäude auch sehr angemessene Säle für die fünf Sectionen zu erhalten, die z. B. in Hamburg, zur nicht geringen Unbequemlichkeit der Mitglieder, in der ganzen Stadt zerstreut lagen.

Festrede, gehalten bei der Eröffnung der Versammlung deutscher Naturforscher und Ärzte in Berlin am 18. September 1828 von Alexander von Humboldt

(Bericht über die Versammlung deutscher Naturforscher und Ärzte in Berlin von A. v. Humboldt u. H. Lichtenstein. Berlin. Trautwein 1829)

Wenn es mir durch ihre ehrenvolle Wahl vergönnt ist, diese Versammlung zu eröffnen; so habe ich zuerst eine Pflicht der Dankbarkeit zu erfüllen. Die Auszeichnung, welche dem zu Theil geworden, der noch nie Ihren denkwürdigen Vereinen beiwohnen konnte, ist nicht der Lohn wissenschaftlicher Bestrebungen einzelner schwacher Versuche, in dem Drange der Erscheinungen das Beharrende aufzufinden, aus den schwindelnden Tiefen der Natur das dämmernde Licht der Erkenntniß zu schöpfen. Ein zarteres Gefühl hat Ihre Aufmerksamkeit auf mich geleitet. Sie haben aussprechen wollen, daß ich in vieljähriger Abwesenheit, selbst in einem fernen Welttheile, nach gleichen Zwekken mit Ihnen hinarbeitend, Ihrem Andenken nicht fremd geworden bin. Sie haben meine Rückkunft gleichsam begrüßen wollen, um durch die heiligen Bande des Dankgefühls mich länger und inniger an das gemeinsame Vaterland zu fesseln.

Was aber kann das Bild dieses gemeinsamen Vaterlandes erfreulicher vor die Seele stellen, als die Versammlung, die wir heute zum ersten Male in unsern Mauern empfangen. Von dem heitern Neckar-Lande, wo Kepler und Schiller geboren wurden, bis zu dem letzten Saume der baltischen Ebenen; von diesen bis gegen den Ausfluß des Rheins, wo, unter dem wohlthätigen Einflusse des Welthandels, seit Jahrhunderten, die Schätze einer exotischen Natur gesammelt und erforscht wurden, sind, von gleichem Eifer beseelt, von einem ernsten Gedanken geleitet, Freunde der Natur zu diesem Vereine zusammengeströmt. Überall, wo die deutsche Sprache ertönt, und ihr sinniger Bau auf den Geist und das Gemüth der Völker einwirkt; von dem hohen Alpengebirge Europa's, bis jenseits der Weichsel, wo, im Lande des Copernicus, die Sternkunde sich wieder zu neuem Glanz erhoben sieht; überall in dem weiten Gebiete deutscher Nation, nennen wir unser jedes Bestreben, dem geheimen Wirken der Naturkräfte nachzuspüren, sei es in den weiten Himmels-Räumen, dem höchsten Problem der Mechanik, oder in dem Innern des starren Erdkörpers, oder in dem zartgewebten Netze organischer Gebilde.

Von edlen Fürsten beschirmt, hat dieser Verein alljährig an Interesse und Umfang zugenommen. Jede Entfernung, welche Verschiedenheit der Religion und bürgerlicher Verfassung erzeugen könnten, ist hier aufgehoben. Deutschland offenbart sich gleichsam in seiner geistigen Einheit; und, wie Erkenntniß des Wahren und Ausübung der Pflicht der höchste Zweck der Sittlichkeit sind, so schwächt jenes Gefühl der Einheit keine der Banden, welche jedem von uns Religion, Verfassung und Gesetze der Heimath theuer machen. Eben dies gesonderte Leben der deutschen Nation, dieser Wetteifer geistiger Bestrebungen, riefen (so lehrt es die ruhmvolle Geschichte des Vaterlandes) die schönsten Blüthen der Humanität, Wissenschaft und Kunst, hervor.

Die Gesellschaft deutscher Naturforscher und Ärzte hat, seit ihrer letzten Versammlung, da sie in München eine so gastliche Aufnahme fand, durch die schmeichelhafte Theilnahme benachbarter Staaten und Akademieen, sich eines besonderen Glanzes zu erfreuen gehabt. Stammverwandte Nationen haben den alten Bund erneuern wollen zwischen Deutschland und dem gothisch-scandinavischen Norden. Eine solche Theilnahme verdient um so mehr unsre Anerkennung, als sie der Masse von Thatsachen und Meinungen, welche hier in einen allgemeinen, fruchtbringenden Verkehr gesetzt werden, einen unerwarteten Zuwachs gewährt. Auch ruft sie in das Gedächtniß der Naturkundigen erhebende Erinnerungen zurück. Noch nicht durch ein halbes Jahrhundert von uns getrennt, erscheint Linné, in der Kühnheit seiner Unternehmungen, wie durch das, was er vollendet, angeregt und beherrscht hat, als eine der großen Gestalten eines früheren Zeitalters. Sein Ruhm, so glänzend er ist, hat dennoch Europa nicht undankbar gegen Scheele's und Bergmann's Verdienste gemacht. Die Reihe dieser gefeierten Namen ist nicht geschlossen geblieben; aber in der Furcht, edle Bescheidenheit zu verletzen, darf ich hier nicht von dem Lichte reden, welches noch jetzt in reichstem Maße von dem Norden ausgeht; nicht der Entdeckungen erwähnen, welche die innere chemische Natur der Stoffe (im numerischen Verhältniß ihrer Elemente) oder das wirbelnde Strömen der electro-magnetischen Kräfte enthüllen. Mögen die trefflichen Männer, welche durch keine Beschwerden von Land- und Seereisen abgehalten wurden, aus Schweden, Norwegen, Dänemark, Holland, England und Polen unserm Vereine zuzueilen, andern Fremden, für kommende Jahre, die Bahn bezeichnen, damit wechselweise jeder Theil des deutschen Vaterlandes den belebenden Einfluß wissenschaftlicher Mittheilung aus den verschiedensten Ländern von Europa genieße.

Wenn ich aber, im Angesichte dieser Versammlung, den Ausdruck meiner persönlichen Gefühle zurückhalten muß; so sei es mir wenigstens gestattet, die Patriarchen vaterländischen Ruhmes zu nennen, welche die Sorge für ihr der Nation theures Leben von uns entfernt hält: Goethe, den die großen Schöpfungen dichterischer Phantasie nicht abgehalten haben, den Forscherblick in alle Tiefen des Naturlebens zu tauchen, und der jetzt, in ländlicher Abgeschiedenheit, um seinen fürstlichen Freund, wie Deutschland um eine seiner herrlichsten Zierden trauert; Olbers, der zwei Weltkörper da entdeckt hat, wo er sie zu suchen gelehrt; den größten Anatomen unseres Zeitalters, Sömmering, der mit gleichem Eifer die Wunder des organischen Baues, wie der Sonnenfackeln und Sonnenflecke (Verdichtungen und Öffnungen im wallenden Lichtmeere) durchspäht; Blumenbach, auch mein Lehrer, der durch seine Werke und das belebende Wort überall die Liebe zur vergleichenden Anatomie, Physiologie und gesammten Naturkunde angefacht, und wie ein heiliges Feuer, länger als ein halbes Jahrhundert, sorgsam gepflegt hat. Konnte ich der Versuchung widerstehen, da die Gegenwart solcher Männer uns nicht vergönnt ist, wenigstens durch Namen, welche die Nachwelt wiedersagen wird, meine Rede zu schmücken?

Diese Betrachtungen über den geistigen Reichthum des Vaterlandes und die davon abhängige fortschreitende Entwickelung unseres Instituts, leiten unwillkürlich auf die Hindernisse, die ein größerer Umfang (die anwachsende Zahl der Mitarbeiter) der Ausführung eines ernsten wissenschaftlichen Unternehmens scheinbar entgegenstellen. Der Hauptzweck des Vereins (Sie haben es selbst an ihrem Stiftungstage ausgesprochen) bestehet nicht, wie in andern Akademieen, die eine geschlossene Einheit bilden, in gegenseitiger Mittheilung von Abhandlungen, in zahlreichen Vorlesungen, die alle zum

5*

Drucke bestimmt, nach mehr als Jahresfrist in eignen Sammlungen erscheinen. Der Hauptzweck dieser Gesellschaft ist die persönliche Annäherung derer, welche dasselbe Feld der Wissenschaften bearbeiten; die mündliche und darum mehr anregende Auswechselung von Ideen, sie mögen sich als Thatsachen, Meinungen oder Zweifel darstellen; die Gründung freundschaftlicher Verhältnisse, welche den Wissenschaften Licht, dem Leben heitre Anmuth, den Sitten Duldsamkeit und Milde gewähren.

Bei einem Stamme, der sich zur schönsten geistigen Individualität erhoben hatte, und dessen spätesten Nachkommen, wie aus dem Schiffbruche der Völker gerettet, wir noch heute unsre bangen Wünsche weihen, in der Blüthezeit des hellenischen Alterthums, offenbarte sich am kräftigsten der Unterschied zwischen Wort und Schrift. Nicht die Schwierigkeit des Ideenverkehrs allein, nicht die Entbehrung einer deutschen Kunst, die den Gedanken, wie auf Flügeln durch den Raum verbreitet und ihm lange Dauer verheißt, geboten damals den Freunden der Philosophie und Naturkunde, Hellas, oder die dorischen und ionischen Kolonien in Groß-Griechenland und Klein-Asien, auf langen Reisen zu durchwandern. Das alte Geschlecht kannte den Werth des lebendigen Wortes, den begeisternden Einfluß, welchen durch ihre Nähe hohe Meisterschaft ausübt, und die aufhellende Macht des Gesprächs, wenn es unvorbereitet, frei und schonend zugleich, das Gewebe wissenschaftlicher Meinungen und Zweifel durchläuft. Entschleierung der Wahrheit ist ohne Divergenz der Meinungen nicht denkbar, weil die Wahrheit nicht in ihrem ganzen Umfang, auf einmal, und von allen zugleich, erkannt wird. Jeder Schritt, der den Naturforscher seinem Ziele zu nähern scheint, führt ihn an den Eingang neuer Labyrinthe. Die Masse der Zweifel wird nicht gemindert, sie verbreitet sich nur, wie ein beweglicher Nebelduft, über andre und andre Gebiete. Wer golden die Zeit nennt, wo Verschiedenheit der Ansichten, oder wie man sich wohl auszudrücken pflegt, der Zwist der Gelehrten, geschlichtet sein wird, hat von den Bedürfnissen der Wissenschaft, von ihrem rastlosen Fortschreiten, eben so wenig einen klaren Begriff, als derjenige, welcher, in träger Selbstzufriedenheit, sich rühmt, in der Geognosie, Chemie oder Physiologie, seit mehreren Jahrzehenden, dieselben Meinungen zu vertheidigen.

Die Gründer dieser Gesellschaft haben, in wahrem und tiefem Gefühle der Einheit der Natur, alle Zweige des physikalischen Wissens (des beschreibenden, messenden und experimentirenden) innigst mit einander vereinigt. Die Benennungen Naturforscher und Ärzte sind daher hier fast synonym. Durch irdische Bande an den Typus niederer Gebilde gekettet, vollendet der Mensch die Reihe höherer Organisationen. In seinem physiologischen und pathologischen Zustande bietet er kaum eine eigene Klasse von

Erscheinungen dar. Was sich auf diesen hohen Zweck des ärztlichen Studiums bezieht, und sich zu allgemeinen naturwissenschaftlichen Ansichten erhebt, gehört vorzugsweise für diesen Verein. So wichtig es ist, nicht das Band zu lösen, welches die gleichmäßige Erforschung der organischen und unorganischen Natur umfaßt; so werden dennoch der zunehmende Umfang und die allmählige Entwickelung dieses Instituts die Nothwendigkeit fühlen lassen, außer den gemeinschaftlichen öffentlichen Versammlungen denen diese Halle bestimmt ist, auch sectionsweise ausführlichere Vorträge über einzelne Disciplinen zu halten. Nur in solchen engeren Kreisen, nur unter Männern, welche Gleichheit der Studien zu einander hinzieht, sind mündliche Discussionen möglich. Ohne diese Art der Erörterung, ohne Ansicht der gesammelten, oft schwer zu bestimmenden, und darum streitigen Naturkörper, würde der freimüthige Verkehr Wahrheitsuchender Männer eines belebenden Princips beraubt sein.

Unter den Anstalten, welche in dieser Stadt zur Aufnahme der Gesellschaft getroffen worden sind, hat man vorzüglich auf die Möglichkeit einer solchen Absonderung in Sectionen Rücksicht genommen. Die Hoffnung, daß diese Vorkehrungen sich Ihres Beifalls erfreuen werden, legt mir die Pflicht auf, hier in Erinnerung zu bringen, daß, obgleich Ihr Vertrauen zweien Reisenden zugleich die Geschäftsführung übertragen hat, doch nur einem allein, meinem edlen Freunde, Herrn Lichtenstein, das Verdienst sorgsamer Vorsicht und rastloser Thätigkeit zukommt. Den wissenschaftlichen Geist achtend, der die Gesellschaft deutscher Naturforscher und Ärzte beseelt, und die Nützlichkeit ihres Bestrebens anerkennend, ist das Königliche Ministerium des Unterrichts, seit vielen Monaten, jedem unsrer Wünsche mit der aufopferndsten Bereitwilligkeit zuvorgekommen.

In der Nähe der Versammlungsorte, welche auf diese Weise für ihre allgemeinen und besondern Arbeiten vorbereitet worden, erheben sich die Museen, welche der Zergliederungskunst, der Zoologie, der Oryktognosie und der Gebirgskunde gewidmet sind. Sie liefern dem Naturforscher einen reichen Stoff der Beobachtung und vielfache Gegenstände kritischer Discussionen. Der größere Theil dieser wohlgeordneten Sammlungen zählt, wie die Universität zu Berlin, noch nicht zwei Decennien; die ältesten, zu welchen der botanische Garten (einer der reichsten in Europa) gehört, sind in dieser Periode nicht bloß vermehrt, sondern gänzlich umgeschaffen worden. Der frohe und lehrreiche Genuß, den solche Institute gewähren, erinnert mit tiefem Dankgefühle, daß sie das Werk des erhabenen *Monarchen* sind, der, geräuschlos, in einfacher Größe, jedes Jahr diese Königsstadt mit neuen Schätzen der Natur und der Kunst ausschmückt, und, was einen noch höheren Werth hat, als diese Schätze selbst, was dem preußischen Volke jugendliche Kraft und inneres Leben und gemüthvolle Anhänglichkeit an das alte Herrscherhaus giebt, der sich huldreich jedem Talente zuneigt, und freier Ausbildung des Geistes vertrauensvoll seinen königlichen Schutz verleiht.

Zu den Reproduktionen der gegenüberliegenden Seite 71:

„Abbildung der von Seiten der Academie zu Jena der 14. Versammlung gewidmeten, von Fräulein Angelica Facius in Weimar geschnittenen, und an alle stimmfähigen Mitglieder der Versammlung vertheilten Medaille. ‚*Iunctas arte deas*' *panegyri decima quarta consalutavit Universitas Literarum Jenensis.* MDCCCXXXVI. Die Hauptseite stellt dar: Isis-Cybele und Hygiea, Symbole der Natur und der Heilkraft, jene an der Mauerkrone und dem Lotosblatte in der Hand, diese durch die Schlange kenntlich, beide auf dem von vier Löwen gezogenen Triumpfwagen der ersteren, nahen sich dem Feste. Die geflügelten Dioskuren, Kastor und Pollux, durch die Mütze mit dem Stern bezeichnet, Symbole der polaren Urkräfte des Lebens, leiten die Löwen, die Symbole der Stärke. Die Eule der Pallas, Symbol der Weisheit, schmückt den Triumpfwagen." = Amtlicher Bericht über die Versammlung zu Jena 1836, S. 6.
„Da noch keine Abbildung der ähnlichen Portraite berühmter Mitglieder der Versammlung enthaltenden Medaillen erschienen ist, so fügen wir eine Abbildung der die Bildnisse der Herren A. v. Humboldt, Graf Sternberg, Oken, Kielmeyer und Cotta enthaltenden Medaillen bei."

Zum Bildnis des Hofraths Oken's, von Loos in Berlin geprägt: „Das Bild mit der Umschrift: *Laurentius Oken Ortenaviensis.* Unten: *nat. d. 11. m. Aug.* MDCCLXXIX. Kehrseite: Isis, Osiris und Harpocrates – die drei Symbole der Natur – halten die verschlungenen Nilschlüssel als Symbol der Vorsehung. Alle drei stehen auf der Lotusstaude, dem Stellvertreter des Pflanzenreichs, aus welchem das Thierreich hervorsteigt. Harpocrates sitzt auf der Frucht; die Blume ist gegen Osiris mit dem Zauberstabe – Symbol der Kraft und der Wissenschaft; das eingerollte Blatt gegen die Isis, mit dem Sistrum – Symbol des Gefühls und der Kunst – geneigt.
Die Eltern sitzen auf Stühlen und diese stehen auf Würfeln oder vielmehr Rhomboidal-Dodecaedern, welche das Mineralreich darstellen, das auf dem Wasser ruht, aus dem es entstanden ist.
Die löwenartige Sphinx verzehrt einen Menschen und im kugelwalzenden Käfer regen sich schon die Flügel des Vogels und die Köpfe der Säugethiere. Im Wasser die Fische; auf dem Kopfe der Isis die Schlange und Schnecke, auf dem des Osiris der Vogel und der Polyp; auf dem des Harpocrates die jungfräuliche Lotusblume, in welcher das Thierreich noch schlummert. Auf den Schiffsschnäbeln Sonne und Mond. Unterschrift: *Ordines Corporum Organis Aequavit.* Unten: *Scrutatores Naturae Consociavit.*"

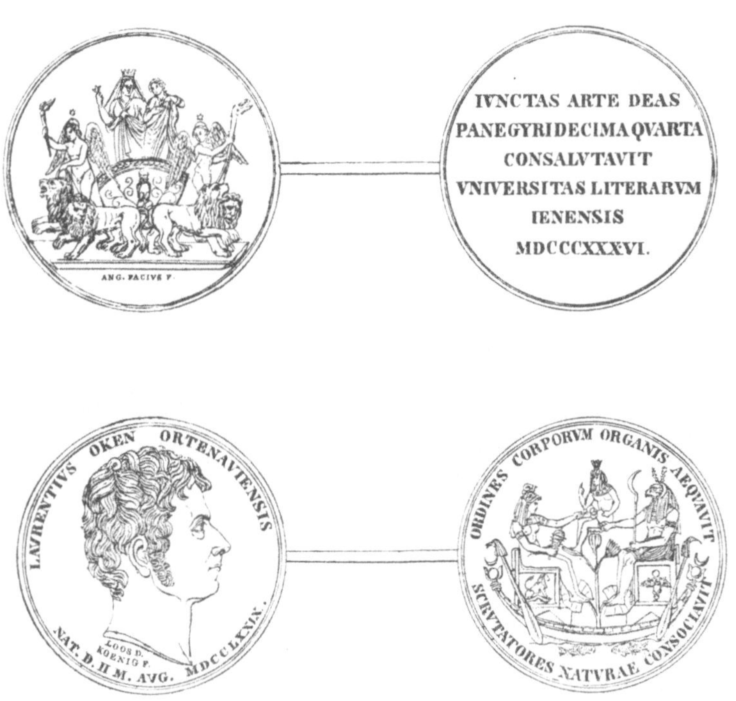
ANG. FACIVS F.
IVNCTAS ARTE DEAS
PANEGYRIDECIMA QVARTA
CONSALVTAVIT
VNIVERSITAS LITERARVM
IENENSIS
MDCCCXXXVI.
LAVRENTIVS OKEN ORTENAVIENSIS
NAT. D. II M. AVG. MDCCLXXIX.
LOOS D.
KOENIG F.
ORDINES CORPORVM ORGANIS AEQVAVIT
SCRVTATORES NATVRAE CONSOCIAVIT

Aufforderung zur Subscription von Bildnis-Denkmünzen im Jahre 1828, geprägt von der Berliner Medaillen-Münze

(Der Künstler G. Loos ließ das Flugblatt zur Subscription dem „Bericht über die Berliner Versammlung" beilegen; es wurde dem der Universitätsbibliothek Freiburg Br. gehörigen Bande beigebunden und ist auf diese Weise als Seltenheit erhalten geblieben. Sollte die Gesellschaft Deutscher Naturforscher und Ärzte diesen alten, schönen Brauch nicht wieder aufleben lassen?)

An die Herren Naturforscher und Aerzte

Oeffentliche Blätter haben gemeldet: daß die Berliner Medaillen-Münze beabsichtigt „eine Reihenfolge von Bildniß-Denkmünzen ausgezeichneter Naturforscher und Aerzte" auf Subscription herauszugeben.

Zu den Reproduktionen der gegenüberliegenden Seite 73:

Zum Bildnis Alexander v. Humboldt's: „Es ist die Medaille, welche die Verehrer des Freiherrn bei Gelegenheit der im Jahre 1828 zu Berlin von ihm gehaltenen Vorlesungen schlagen ließen.
Hauptseite: Dessen Bildniss, mit der Umschrift: *Alexander ab Humboldt.*
Kehrseite: Unten rechts sitzt Terra, ein Füllhorn haltend, neben ihr der Löwe; links Oceanus, das Ruder über die rechte Schulter gelehnt, den linken Arm auf eine Urne gestützt, aus welcher Wasser fließt, neben ihm ein Seedrache. Ueber beiden wölbt sich der Thierkreis, und über diesem erhebt sich Helios auf einer Quadriga, deren Vorderseite zwei an einem Candelaber stehende Greife schmücken. Umschrift: *Illustrans totum radiis splendentibus orbem.* Unten: *Berolini* MDCCCXXVIII."

Zum Bildnis des Grafen C. v. Sternberg, geprägt von Loos in Berlin.
„Auf der Hauptseite das Bildnis, mit der Umschrift: *Casparus Comes Sternberg, nat. Pragae VI. Jan.* MDCCLXI. Auf der Kehrseite in einem Blumenkranze: *Naturae et florae utriusque Scrutator indefessus.*"

Zum Bildnis des Oberforstraths Cotta in Tharand: Geprägt zum 50jährigen Lehrer-Jubiläum im Auftrage seiner Verehrer vom Hofmedailleur König in Dresden.
Hauptseite: Das treue Bildniss mit der Umschrift: *Heinrich Cotta, geb. am. 30. Oct. 1763.*
Kehrseite: Ein Eichenkranz umschließt die einfachen Worte der Widmung: *Nach 50jährigem Lehren der Forstwissenschaft.* Oben und unten: *Tharand am 20. Aug. 1836 von seinen Verehrern und Freunden.*

Zu der in Stuttgart im Jahre 1834 vertheilten Medaille, gleichfalls aus der Berliner Officin, mit dem Bildniss des Staatsraths Dr. C. F. Kielmeyer.
Hauptseite: Das Bildniss mit der Umschrift: *Carol. Fried. Kielmeyer, nat. Bebenhusae 22. Oct. 1765.*
Kehrseite: ein aus Eichenlaub und den Blüthen und Blättern der *Kielmeyeria rosea* gewundener Kranz, mit der Umschrift: *Physicorum Germaniae Pietas.* In der Mitte des Kranzes steht: *11. Febr. 1793*, der Tag, an welchem Kielmeyer die Rede, „über die Verhältnisse der organischen Kräfte" gehalten hatte; und unter dem Kranze: *M. Septembr. 1834.* Aus: Amtl. Bericht der Versammlung zu Jena 1836. Weimar 1837.

ALEXANDER AB HVMBOLDT
ILLVSTRANS TOTVM RADIIS SPLENDENTIBVS ORBEM
BEROLINI
MDCCCXXVIII
CASPARVS COMES STERNBERG
NAT. PRAGAE VI IAN. MDCCLXI
LOOS D. KÖNIG F.
HEINRICH COTTA GEB. AM 30 OCT. 1763
F. KÖNIG F.
CAROL. FRIED. KIELMEYER
NAT. BEBENHUSAE 22 OCT. 1765
NATVRAE
ET FLORAE
VTRIVSQVE
SCRVTATOR
INDEFESSVS
THARAND AM 20 AUG. 1836.
NACH
50 JÄHRIGEM
LEHREN DER
FORSTWISSEN
SCHAFT
VON SEINEN VEREHRERN UND FREUNDEN
GERMANIAE PHYSICORUM PIETAS
11
FEBRUAR
1793
M. SEPTEMBR. 1834

Die Zahl derer, welche dies Werk durch Subscription unterstützen, ist zwar bei weitem noch nicht zureichend, um nur Kostendeckung zu geben; da die Anstalt aber keinen Gewinn zu machen, sondern nur die gute Sache durchzuführen beabsichtigt, so läßt sie sich dadurch nicht abhalten, schon jetzt in der Sache vorzuschreiten.
Es ist demnach, als Einleitungsmünze bereits fertig, und für Subscribenten zu dem weiter unten bemerkten ermäßigten Preise, für Andere aber in engl. Bronze zu 1 Rthlr., in Neugold zu $1^1/_2$ Rthlr. und in feinem Silber zu $3^1/_2$ Rthlr. zu haben:

Denkmünze auf die Versammlung der „Gesellschaft deutscher Naturforscher und Aerzte" in Berlin, im Jahre 1828.

Sie zeigt auf der *Hauptseite* die Natur (eine Isis) und vor derselben eine liegende Sphinx dargestellt, mit der Umschrift:

Certo Digestum Est Ordine Corpus. (*Manilius*).

Auf der *Kehrseite* lieset man die Worte:

In Memoriam Conventus Naturae Scrutatorum Totius Germaniae Septimum Celebrati Berolini MDCCCXXVIII Mense Septembri.

Recht bald wird auch die zweite Denkmünze mit dem Bildnisse des Königl. Kammerherrn usw. Herrn Freiherrn Alexander von Humboldt, und passender Kehrseite folgen; dann aber erscheinen die vier, noch zu diesem Jahrgange gehörigen Denkmünzen, in Zeiträumen von etwa zwei Monaten aus einander. In welcher Reihenfolge diese Münzen die Bildnisse eines Berzelius, Gauss, Jacquin, Klaproth, Oersted, Olbers, Pallas, Seebeck, Wildenow u. a. m. liefern werden, und welche davon also in den ersten Jahrgang kommen, bleibt von der leichteren oder schwierigeren Erhaltung ganz ähnlicher Modells abhängig.
Soll aber das Werk überhaupt Fortgang haben, so muß die Anstalt wenigstens *für die Kosten* gedeckt seyn, und da das, wie schon bemerkt, nicht der Fall ist, so dient dies Blatt als wiederholte Aufforderung zur Subscription; deren — fürwahr sehr wenig kostspielige — Bedingungen hierunter stehen.
Will Jemand sich von den Leistungen der Medaillen-Münze überzeugen, so wird er dazu auf der Ausstellung, oder noch besser in der Anstalt selbst, wo fremde und einheimische Besucher stets willkommen sind, oder auch bei Herren Gebrüdern Gropius, im Lokale des Diorama, Gelegenheit finden.

Die Bedingungen sind:

1. Man subscribirt nur auf sechs Denkmünzen oder *einen Jahrgang*, und kann bei Empfang der sechsten Denkmünze die Sache aufgeben oder für einen neuen Jahrgang subscribiren.
2. Die Wahl der Bildnisse wird unter Berathung mit den Sachkundigsten bestimmt; Vorschläge dazu aber können von den Subscribenten nach Gefallen gegeben werden.
3. Jede Denkmünze wird *beim Empfange* bezahlt und keine Vorherbezahlung begehrt.
4. Der Subscribentenpreis eines jeden Gepräges ist in engl. Bronze 25 Sgr., in Neugold 36 Sgr. und in feinem Silber $2^5/_6$ Rthlr.; die Ausgaben für die Suite also durch das Jahr resp. 5 Rthlr. oder $7^1/_{15}$ Rthlr., oder in Silber 17 Rthlr. Uebersteigt weiterhin der Subscriptionsbetrag den Kostenpreis, so soll der Preis für Bronze und Neugold auch noch nach Verhältniß ermäßigt werden, da, wie schon bemerkt, hier kein *Geld verdienen wollen* beabsichtigt wird.
5. Die Subscriptionsmarke kann weiter gegeben werden. Der *Besitzer* hat Subscribenten-Vortheil.
6. Man kann auch Etuis zu sechs Medaillen zum Auslagepreis von 20 Sgr. erhalten.
7. Wer nicht Gelegenheit oder Willen hat, Jemandem in Berlin den Auftrag zur Empfangnahme und Zahlung der Exemplare zu geben, erhält dieselben postfrei bis zu dem ihm nächstgelegenen Hauptorte, oder auf welche Art er selbst es wünschen wird.

Gegenwärtiges Blatt ist zur Unterzeichnung, und *für diesen Fall*, Zurückgabe, entweder an den Abgeber oder die unterzeichnete Anstalt selbst, bestimmt.

Berlin, im Monat September 1828

Die Berliner Medaillen-Münze von G. Loos
Unterwasserstraße Nr. 11, nahe der Jungfernbrücke

Abschiedsrede an die Versammlung in Wien 1832 von J. J. Littrow, zweiter Geschäftsführer

(Aus: Bericht über die Versammlung deutscher Naturforscher und Ärzte in Wien im September 1832 von Freyherrn von Jacquin u. J. J. Littrow Wien. Bech 1832, S. 71 u. 72)

Nach Beendigung des Vortrages hielt der zweyte Geschäftsführer folgende *Abschiedsrede**) an die Versammlung:

„Wenn dem Wartenden Tage zu Jahren sich auszudehnen, und die Flügel der immer „eilenden Zeit gelähmt zu seyn scheinen, wie lange mussten dann zwey volle Jahre für „uns werden, die wir Ihrer Ankunft mit unverwandtem Auge entgegenblickten — „und wie gross auch endlich unsere Freude, als wir die so lang Ersehnten aus allen „Gegenden des geliebten Vaterlandes bey uns einziehen, und in unsere offenen Arme „eilen sahen. Unsere langersehnten, unsere vielgeliebten Freunde! O und welche „Freunde! Glückliche Stätte, heiliger Ort, an dem ich stehe! Was immer Schönes und „Herrliches in den weiten Gefilden deutscher Wissenschaft gedeiht, die Blüthen und „die Früchte *alle* des grossen Gartens, des deutschen Volkes Stolz und Freude — *sie* „*sind hier*, sie sind bey uns, und was sonst jahrelange Reisen nicht vermochten, *Ein* „freudetrunkner Blick vermag sie Alle, Alle zu umfassen."

„Freudetrunken? — O! mir ist heut' ein anderes Loos beschieden. — Nicht von *Empfang*: „von *Trennung* soll ich sprechen. Nicht Euch zu bewillkommen, nicht Euch an mein „Herz zu drücken, bin ich da: *losreissen* soll ich mich vielmehr von Euren Herzen, „Euch verlassen — Euch vielleicht niemahls wiedersehen."

„Fürwahr ein hartes Loos! — War es nicht genug, dass ich, gleich am ersten Tage „unserer Versammlung, wo auch *ich* der *Freude* leben wollte, in tiefer *Trauer* diesen Ort „bestieg? Von dem Grabe meines Freundes, mit dem ich dreyssig Jahre nur ein Leben „lebte, kam ich, Euch zu begrüssen, an jenem Tage her. Und nun soll ich, so bald schon „nach dem *alten* Freunde, auch alle diese *neuen* von mir scheiden sehen, und meinen „abgeschiedenen Hoffnungen zum zweyten Mahl die Leichenrede halten?"

„Ihr zieht nun hin in Eure Heimath, zu Euren Lieben, und lasst uns hier allein zurück. „Noch ist dieser Ort gedrängt voll Freunde: in einer Stunde schon wird er eine Wüste „seyn. Eure Stimme wird nicht mehr gehört werden, wird nicht mehr zu unserem „Herzen sprechen. Nur unsere eigenen Tritte werden wiederhallen auf der öden Stätte.

*) Zum Verständniss einer Stelle dieses Vortrages muss bemerkt werden, dass der Jugendfreund des Sprechers, Fr. Höss, Professor der Naturgeschichte an dem k. k. Forstinstitute zur Mariabrunn bey Wien nur einige Tage vor dem 26. September 1832 zu Grabe getragen wurde. *Sit illi terra levis!*

„Wir werden Euch und Eure Spuren suchen und sie nicht finden. Mit Wehmuth „werden wir nach Hause kehren, einsam und verlassen, und traurend werden wir des „schönen, kurzen, ach nur zu kurzen Traums gedenken."

„Doch nein, kein Traum! — Ihr wart, Ihr seyd bey uns, Ihr sollt es ewig bleiben, Euer „Geist wird uns umschweben und die Erinnerung an Euch wird uns, bis an das Ende „unseres Lebens, einem Schutzgott gleich, begleiten. In diesen Hallen, durch Eure „Gegenwart geweiht, werden wir, die älteren, als *Lehrer*, die Samen sorgsam pflegen, „die Ihr gesäet; in diesen Hallen wird unsere wackere, lebensfrohe Jugend mit frischer „Kraft Euch nachzueifern, Euch zu erreichen streben. Euer Andenken, Euer Beyspiel „wird in ihnen leben fort und fort. Diess künftige, und, wir hoffen es, kräftige Ge- „schlecht wird einst, wie Ihr, der Wissenschaften Zierde und des Vaterlandes Freude „seyn, und ihre späten Enkel werden noch mit Rührung Euerer, und unseres Festes, und „dieser letzten, heiligen Stunde gedenken."

„Und auch Ihr, wir wünschen es, wir bitten Euch — bewahrt uns Euer Herz! Wir haben „uns gesehen, wir haben uns gekannt: es ist genug, um uns immerdar zu lieben. Fortan „ist Nord und Süd in *Eins* verschmolzen: *Ein* Band umschlingt uns alle, und keine, „keine Trennung mehr auf deutscher Erde! — O, du mein theueres, vielgeliebtes „Vaterland! wie gern möcht' ich, eh' ich sterbe, dich noch einmahl gross und herrlich „sehen, wie in der Väter Zeit, gross und stark durch Eintracht, durch die Liebe aller „deiner Kinder."

„Und nun, des Himmels reichsten Segen über Euch. — Nehmt unsern Dank und „denket unser. — Zieht hin, zieht immer hin: unsere Herzen ziehen doch mit Euch. — „Mögen wir uns bald, und oft, und immer glücklich wiedersehen. Lebt wohl, lebt „wohl, lebt Alle wohl!"

Diesen Abschied an die Versammlung begleitete Herr Dr. Ebeling aus Hamburg, und nach ihm Se. Excellenz Herr Graf von Sternberg mit einem kurzen Vortrage, in welchem sie ihren Dank gegen die Behörden und die Geschäftsleiter der Gesellschaft ausdrückten, worauf die Versammlung durch den ersten Geschäftsleiter mit einigen Worten geschlossen wurde.

Am 27. September gab Se. Excellenz der oberste Kanzler und Präsident der Studien-Hofcommission, Herr Graf von Mittrowsky, den Mitgliedern ein glänzendes Diner in seinem Palais. Der Aufgang war in einen prachtvollen Garten verwandelt, den die seltensten Bäume und Blumen schmückten; vor seinem Sitze fand jeder Gast die oben

erwähnte Medaille in Silber ausgeprägt; alle Säle waren festlich beleuchtet, und der Reichthum des Tisches selbst konnte nur noch durch die Humanität des edlen Wirthes übertroffen werden. Am folgenden Tage, den 28. September, wurde die Gesellschaft zu Sr. Durchlaucht dem Hof- und Staatskanzler, Herrn Fürsten von Metternich, zu einem ähnlichen grossen, auf das reichste geschmückten, wahrhaft fürstlichen Diner geladen, welchem auch dessen erhabene Gemahlinn beywohnte. Die Aufnahme an beyden Tafeln überstieg selbst die höchsten Erwartungen der fremden Gäste.
Einige Sectionen der Gesellschaft blieben noch bis zu dem 29. September beysammen, um diejenigen wissenschaftlichen Mittheilungen nachzutragen, für welche bey dem Reichthume der vorgelegten Vorträge bis dahin keine Zeit geblieben war. Andere unternahmen noch in den letzten Tagen dieses Monathes Ausflüge in die Umgegenden Wiens, wo sie, von dem schönsten Wetter begünstiget, zu Nussdorf und Heiligenstadt von ausgezeichneten Freunden der Wissenschaft bewirthet wurden.

Eine Kapuzinerpredigt mit Wiener Charme von J. J. Littrow

(Aus: Bericht über die Versammlung deutscher Naturforscher und Ärzte in Wien im September 1832 von Freyherrn von Jacquin und J. J. Littrow. Wien. Beck 1832. S. 60 u. 61)

*) Noch bitte ich, als Ihr Geschäftsführer, in meiner eigenen Sache, die zugleich, und zwar in einem sehr hohen Grade, auch die Ihrige ist, sprechen zu dürfen. Ich erwarte von Ihrer Billigkeit, man werde mir nicht als Eigennutz auslegen, was nur Wirkung jenes mächtigen Triebes, den die Natur in jedes lebende Wesen zu seiner eigenen Sicherung gelegt hat, was nur Wirkung des *Erhaltungstriebes* ist.
In der That, meine Herren, ich sehe die *Erhaltung* unserer Versammlung für die Zukunft bedroht, und zwar durch Einige von uns selbst, und zwar auf eine sehr gefährliche Weise bedroht.

---

*) Diese Apostrophe des zweyten Geschäftsführers wurde durch die häufigen Entfernungen der Mitglieder von der Gesellschaft veranlasst, die wohl bereits früher, so oft sie sich in grösseren Städten versammelten, bemerkt wurden, die aber *hier* besonders so sehr um sich griffen, dass ganze Sectionen förmliche Processionen in die Gärten und Fabriken der Umgegenden veranstalteten, und tagelang von der Gesellschaft abwesend blieben. Da eine solche Trennung ganz gegen den Zweck der Gesellschaft ist, ja sie am Ende völlig zerstört, so schien es Pflicht, ein passendes Mittel dagegen anzuwenden. Weil aber ernste Vorstellungen unschicklich und leere Bitten wahrscheinlich vergebens gewesen wären, so wurde, wenn auch nur des Versuches wegen, der in der obigen Anrede herrschende Ton gewählt. Hier wird genügen zu sagen, dass der Ton Beyfall fand, und dass der Versuch gelang, indem die Gesellschaft für alle folgenden Tage der Versammlung treu beysammen blieb.

Der Zweck unserer Gesellschaft, wie jeder Gesellschaft überhaupt, ist doch wohl vor allen *Vereinigung*. Aber da gibt es Leute unter uns, und nicht bloss Chemiker, sondern von allen Sectionen, die nicht von *Vereinigung*, die von *Scheidung* sprechen, ja die sogar unser Glück und Heil in dieser Scheidung finden wollen. Falsche Propheten, fürwahr! die heillose Schismen und Spaltungen unter uns erregen, und dadurch unsere kleine wissenschaftliche Kirche in ihren Grundfesten untergraben. Denn nicht genug, dass *einzelne* Abtrünnige die Versammlung der wahren Gläubigen schnöde verlassen, und ihrem sogenannten besseren Zwecke nachgehen: so sind sogar schon Irrlehrer unter uns aufgestanden, die, ein bisher unerhörter Gräuel in Israel, auch die andern Lämmer der Herde *sectionsweise* ablenken von der wahren Bahn, und sie herumführen in fremden Gärten und Fabriken, ganze Tage vergeudend in den Umgegenden der Stadt, unbekümmert um uns, ihre verlassenen Brüder, unbekümmert um die arme, alte *alma mater*, die allein zu Hause sitzen und sich über ihre ungerathenen, landflüchtigen Kinder immerhin in Thränen baden mag. Aber was vermögen Thränen über Felsenherzen! „Wir müssen eilen", so sprechen sie in ihrer Verblendung, „das Leben ist so kurz, die „Kunst so lang, und des Sehenswerthen in der Kaiserstadt so viel: thue jeder eilig, was „er kann; helfe jeder nur sich selbst; den Anderen, dem Ganzen, helfe Gott." — So sprechen sie und glauben, Wunder was der Wissenschaft und unserer Versammlung mit ihrer Weisheit gedient zu haben. — Ich aber sage Euch: „Sie sind blind; sie zer- „streuen, wo sie sammeln sollten; der gute Geist hat sie verlassen; sie wissen nicht, was „sie thun, und sie wühlen in ihren eigenen Eingeweiden." — Wahrlich, wahrlich, das Verderben, das sie uns bereiten, wird auf ihr eigenes Haupt zurückstürzen! Ihre Stunde ist nicht mehr fern, und die Zeit der Reue wird sie schnell erreichen. — Ihr aber, die Ihr noch rein seyd von dem Geiste, der sie treibt, Ihr sollt sie nicht, wie sie in ihrem Stolze von Euch verlangen, für Beförderer und Wohlthäter der Gesellschaft, Ihr sollt sie vielmehr für Zöllner und Publicaner halten, die sich selbst nicht lieben, die ihr eigenes Werk vernichten, und den Tempel, den sie zu verbessern wähnen, in seinen edelsten Theilen zerstören. Darum sehet zu, auf dass ihre glatten Worte Euch nicht blenden, und dass Ihr nicht verstricket werdet in dem Netze ihrer Gleissnerey. Denn sie gehen herum mit Schafskleidern angethan, aber von innen sind sie reissende Wölfe und grimmige Löwen, die nur suchen, einen von Euch, und am Ende die ganze Versammlung zu verschlingen. Darum also — hört, hört! wenn wieder einer dieser falschen Propheten aufsteht unter Euch, und zu der botanischen Section spricht, der Messias sey in den Gärten von *Schönbrunn*: o so wendet Euer Ohr ab von diesem Gräuel; oder zu der geologischen Section, er sey in den alten Schluchten und in den neuen Ruinen der *Brühl*: o so glaubet es nicht; oder zu der mineralogischen Section, er sey in der Salmiakfabrik zu Nussdorf: o so gehet nicht hinaus! — *Ich* aber sage Euch: *Er ist hier*, er ist bey Euch, und er wird auch bey Euch bleiben, so Ihr selbst nur bleibet, wo Ihr sollt, so Ihr selbst nur bey ihm bleibet, fort und fort, im Geist und in der Wahrheit. Darum also bitte und beschwöre ich Euch, weil es noch Zeit ist, Euch alle, die Ihr dem Gesetze bisher treu geblieben und auf dem Wege der Statuten gewandelt seyd: haltet auch künftig fest an unserer kleinen Kirche, auf dass sie wachsen und gedeihen möge; haltet fest am alten guten Glauben unserer Väter, der, so uns der Himmel hilft, und wir selbst uns helfen wollen, auch wohl noch der Glaube unserer Kinder werden soll. Ihr aber, Arme, Unglückliche, von der Herde schon Getrennte — kommt, o kommt zurück! Seht, unsere Arme, unsere Herzen sind bereit, Euch zu empfangen, und über einen Einzigen von Euch, über ein einziges verirrtes, aber wiedergefundenes Schaf, wird, nicht nur diese unsere Versammlung, sondern selbst der ganze Himmel mehr Freude haben, als über neun und neunzig Gerechte.

Enttäuschungen, Krise, Kritik und Reformvorschläge, wie sie sich in den Erinnerungen eines Münchener Arztes an die 20. Tagung in Mainz 1842 widerspiegeln

(Aus: G. Ludwig Dieterich: Briefe über die Zwanzigste Versammlung deutscher Naturforscher und Aerzte zu Mainz. Landshut 1842. Vogel 197 S.)

Mainz, den 19ten September

Die zwanzigste Versammlung deutscher Naturforscher und Aerzte wurde heute vormittags um zehn Uhr in dem festlich geschmückten, ehemaligen Akademie-Saale des neu hergerichteten nordwestlichen Flügels des fürstlichen Schlosses mit einer Rede des ersten Geschäftsführers, Medicinal-Rathes Gröser, eröffnet. Der große Saal war gedrängt voll, und wie gewöhnlich, nicht blos von Collegen, sondern auch von vornehmen und nicht vornehmen Herren, welche es sich zur Ehre rechnen, einer solchen erlauchten Versammlung beiwohnen zu können. Die Galerie sah man fast leer, blos wenige Damen. Der Inhalt der Rede hatte natürlich eine Bewillkommnung, dann das Geschichtliche der Stadt Mainz, was in Beziehung mit der wissenschaftlichen Versammlung stand, endlich Jenes zum Gegenstande, was man in Mainz zu erwarten habe. Die Rede, gut verfaßt, hörte sich eindrucksvoll an, da der Vortrager ein schönes Organ besitzt, und außerdem durch seine edle Greisengestalt eine würdevolle Erscheinung repräsentirt. Nachdem er die Versammlung als eröffnet erklärt hatte, begrüßte dieselbe der zweite Geschäftsführer, als Direktor der naturforschenden Gesellschaft im Namen letzterer, las dann die Statuten der Gesellschaft deutscher Aerzte und Naturforscher mit dem Hinzufügen vor, daß in der neunzehnten Versammlung dieser zu Braunschweig eine Revision der Statuten als zu lösende Aufgabe für die zwanzigste Versammlung beschlossen worden sei, zu welchem Zwecke eine von der Versammlung ernannte Commission zusammentreten, jenen Beschluß und die bereits schon eingegangenen Bemerkungen prüfen und das Ergebniß in der zweiten allgemeinen Versammlung der Gesellschaft vortragen möge. Der Vorschlag, die anwesenden Geschäftsführer früherer Versammlungen zu dieser Commission als Mitglieder zu bezeichnen, fand keinen Widerspruch, in Folge dessen Prof. Leuckard von Freiburg, Prof. Gmelin von Heidelberg, Dr. Kretzschmar von Frankfurt, Obermedicinal-Rath Jäger von Stuttgart, Dr. Mansfeld von Braunschweig, Hofrath v. Martius von München, Prof. d'Outrepont von Würzburg, Oberbergrath Nöggerrath von Bonn bestimmt und eingeladen wurden, sich mit den jetzigen Geschäftsführern weiter zu benehmen.

Nun begannen die Vorträge. Pastor Brehm aus Renthendorf bestieg die Tribüne, „räusperte sich und sprach", nein, las eine Abhandlung *über den Muth mancher Männchen der Vögel, ihre Weibchen und ihre Brut zu vertheidigen.* Ich habe lange keine so ächte Pastorfigur mit dem schwarzen Käppchen auf dem Kopfe gesehen, wie den Vorleser. Nach einer langen Captatio benevolentiae kam endlich der Text, der mit einer monotonen, halblauten Stimme vorgelesen wurde. Ich sah manchen Naturforscher gähnen, manchen Arzt seufzen.

Die Vorträge waren für heute beendet, der erste Geschäftsführer forderte zur Bildung der Sektionen auf.

Die Uhr stand auf eins des Nachmittags, die heutigen Verhandlungen waren geschlossen und alles eilte nun zur Fruchthalle, wo ein großes Bankett veranstaltet war. In dieser, mit einer Gallerie versehen und festlich verziert, hingen die Wappenschilder der Städte, in denen die neunzehn vorangegangenen Versammlungen gehalten worden waren, an welche sich das Mainzer Stadtwappen schloß. Große Fahnen mit den entsprechenden Stammfahnen wehten über ihnen. Die weite Halle nahmen Tische mit tausend und zehn Gedecken ein, denn die diesjährige Versammlung ist die zahlreichste von allen bis jetzt statt gefundenen, was natürlich die Lage der Stadt Mainz mit sich bringt. Du kannst dir denken, daß wacker gegessen und getrunken wurde, wie daß man eine Menge Toaste ausbrachte. Gegen Abend verfügte sich der größte Theil der Gesellschaft in die neue Anlage, wo Kaffee getrunken wurde und man bis zum Einbruche der Dämmerung verweilte. Für die folgenden Stunden war große Conversation im Gutenberger Hofe angesagt, ich zog es, physisch und geistig etwas ermüdet, vor, zu Hause zu bleiben. .. .. ..

So eben komme ich aus der Sections-Sitzung. — Ich kam mit vollem Herzen hieher, glaubte in einem Kreise von Coryphäen der Wissenschaft allgemeine, bedeutungsvolle Fragen, deren die Jetztzeit nicht wenige bietet, anregen und erörtern zu hören, glaubte einen erleuchtenden Austausch des Gedankenganges großer Männer über dunkle Materien der Forschung, eine klare Anschauungsweise zweifelvoller Objekte waltend zu finden, und nun höre ich seit zwei Sitzungen größtentheils Krankheitsgeschichten, Recipe, Sections-Berichte, dürre Beobachtungen und magere, geistlose Folgerungen, Dinge, vor welchen Peter Bembus Convulsionen bekommen könnte. Halte mich nicht für einen satyrischen Faunen, denn wahrlich, das ist kein Gericht für einen solchen, fast nur Weglattich für den Schimmel Silen's. Auch hörst du mich nicht allein so bitter klagen, vielmehr könnte ich dir ein ganzes Register von Männern niederschreiben, welche noch entrüsteter sich äußern. .. .. ..

Dr. Horst aus Köln, ein kleines Männchen mit schwacher, fast quatschender Stimme, fing an, die Krankheitsgeschichte einer Pneumatose des Herzbeutels vorzulesen. Wegen seines unverständlichen Organes und wahrscheinlich auch des Gegenstandes seiner Vorlesung halber liefen Alle davon. Und ich war auch so frei. Bist du mit der Qualität dieser Sitzung zufrieden? —

Mainz, den 23ten September

Die zweite allgemeine Sitzung wurde gestern um zehn Uhr vormittags gehalten. Der erste Geschäftsführer eröffnete sie mit der Anzeige, daß der General-Sekretär des am achtundzwanzigsten dieses Monats in Strasburg zusammentretenden *Congrès scientifique de France* ihm die Mittheilung gemacht habe, Monsieur de Caumont von Caën, Stifter dieses Congresses — einer Nachahmung unserer Versammlung — werde in einer der allgemeinen Sitzungen der zwanzigsten Versammlung deutscher Naturforscher und Aerzte eine Einladung zur Theilnahme an den Verhandlungen des genannten Congresses vorbringen. Er ersuchte sofort den anwesenden Chevalier de Caumont, dieses jetzt zu thun, worauf derselbe seine Einladung in französischer Sprache ablas. Zugleich wurden die Festlichkeiten, welche in Strasburg diesem Congresse zu Ehren veranstaltet werden, bekannt gemacht. Genau auf jeden Tag, deren acht, wie hier, sind, trifft eine solche Festlichkeit, und zum Schlusse ein bengalisches Feuer. — „Mein Herr, rumor er nicht!“ so ruf ich Jedem zu, der darüber seine Glossen machen will.

Oberbergrath Dr. Nöggerath aus Bonn erstattete hierauf Namens der zur Prüfung der Statuten-Revision erwählten Commission deren Bericht. In diesem Berichte wurde auf die Beschlußfassung angetragen, daß die am ersten Oktober 1822 zu Leipzig aufgestellten Statuten der Gesellschaft deutscher Naturforscher und Aerzte dem Zwecke der Gesellschaft vollständig genügten, eine Veranlassung zu Aenderung derselben also nicht vorliege, und wie bisher den jeweiligen Geschäftsführern die zeitgemäße Entwickelung derselben anheim gegeben werden möge. Diesem Antrage fügte die Commission den Wunsch bei, man möge beschließen, daß die Revision der Statuten vor Ablauf von fünf Jahren nicht mehr zur Sprache gebracht werden dürfe. Der erste Geschäftsführer stellte die Frage, ob die Versammlung gegen diese Anträge nichts einzuwenden habe, worauf eine fast allgemeine Zustimmung, welche natürlich die versuchten Einreden Einzelner erstickte, jene zu einem förmlichen Beschluß erhob. Mein Nachbar zur Rechten meinte, dieser zugestimmte Antrag sei nur ein gut angebauter Seitenpfeiler gegen das Sinken der Gesellschaft, an deren Grundpfosten man ohne große Besorgniß nicht rütteln dürfe, und sagte mit Goethe: „Begeisterung ist keine Häringswaare, die sich einböckeln läßt auf viele Jahre.“ Daß aber die Begeisterung für das Institut, als einem solchen der *Wissenschaft*, erloschen sei, sehe man schon aus dem Umstande, daß z.B. in der medicinischen Section fast kein einziger der Matadore einen ausführlichen Vortrag halte, daß nur die jungen und jüngeren, welche erst genannt werden wollten, sich zu solchem hindrängten. Mein Nachbar meinte ferner, die zeitgemäße Entwickelung der Gesellschaft den Geschäftsführern zu überlassen sei die bitterste Ironie von der Welt, indem ja die Erfahrung bis jetzt nachgewiesen habe, daß diese Herren eine solche geistige Last nicht auf sich nehmen möchten, sonst müßte doch seit den zwei und zwanzig Jahren des Bestehens eine zeitgemäße Entwickelung sich haben wahrnehmen lassen, um so mehr, da die Zeiten und mit ihnen die Naturwissenschaften und die Medicin, das politische und sociale Leben der Völker sich so auffallend und sichtbarlich geändert. Die Gesellschaft habe sich dagegen nicht nur allein nicht zeitgemäß entwickelt, sondern sei vielmehr, erwiesen, zurückgeschritten. Ein Leib ohne die antiseptische Gegenwirkung der Seele müsse sich im Fäulungs-Processe auflösen, und diese fehle jetzt der Gesellschaft. Kurz, mein Nachbar zur Rechten war im vollsten Zuge, die gegenwärtigen Tendenzen und das jetzige Thun und Treiben

6*

der Gesellschaft ihres ganzen, *ächt* wissenschaftlichen Gewandes zu entkleiden, und sie als ein Institut für „Tisch und Bett", einen guten Weinkeller als Zwischenlage, mit Buffoneric und Bambocciade als Unterkissen darzustellen, sie somit als eine rein materialistische bezüglich ihres „An und für sich Seins" zu bezeichnen. Herr, entgegnete ich erzürnt, Sie stören mich durch ihr Raisonniren in meinem schönsten Traume, der mir eben das Bild vorführte, wie wir alle im Jahre 1860 auf einem Leinbergerschen Luftschiffe nach Südafrika zu den Hottentotten fahren und dort als Halbgötter ehrfurchtsvoll begrüßt werden, nachdem keine deutsche Stadt der anderen — wie im Alterthume um den Geburtsstuhl eines berühmten Namens — mehr den Bart ausraufen kann um die Ehre, uns in ihren Mauern zu haben. Herr, schloß ich, Ihre Anzüglichkeiten muß ich mir ein und für allemal verbitten. Aber mit unerschütterlicher Bonhommie erwiederte mein Nachbar: Ei, bester Herr Collega, fast hätte ich geglaubt, Sie gehörten auch zu den jungen, wenn ich Ihre grauen Haare hier in Ihrem Backenbarte nicht sähe, denn nur die jungen können sich über meine Worte ereifern; ich habe ja blos gemeint. Und er zog seine Schnupftabaksdose und offerirte mir mit der größten Artigkeit und als wäre gar nichts vorgefallen: Ist's gefällig, bester Herr Collega? —

Nach einer Pause, welche für mich, wie du eben gelesen hast, freilich nicht existirte, wurden ein paar wunderliche Anträge gestellt, natürlich aber verworfen, wobei von einem Mitgliede mit einem gut bestellten Mundstücke eine sehr naive Aeußerung sich vernehmen ließ, und mir den Reim aus dem alten Studentenliede lebhaft in's Gedächtniß zurückrief:

„Der Abel, der Abel, der war aber brav: Er hütet die Lämmer, war selber ein Schaf!"

Die Wahl des nächstjährigen Versammlungsortes kam jetzt an die Reihe. *Grätz* und *Bremen* hatten Abgeordnete geschickt, um die Gesellschaft einzuladen. Ein heißer Wetteifer entstand, indem die Stimmführer jeder Seite gleich gut conditionirte Dinge in die Wagschale legten. Der erste Geschäftsführer hielt diese mit der größten Ruhe, „*sans peur et sans reproche*". Plötzlich warf einer der Mitglieder einen hohen Herrn, der einmal die Worte gesprochen: „Kein Oesterreich, kein Preußen, nur ein Deutschland", in die eine Wagschale, dessen stattliches Embonpoint hinzog und die Bremer Schale hoch in die Lüfte schleuderte, so daß fast unser tapferer erster Geschäftsführer in's Wackeln gekommen wäre. Also vergiß es nicht, für das nächste Jahr ist *Grätz* in Steyermark zum Versammlungsorte gewählt.

Mainz, am 25. September

Die Kölner-Dampfschifffahrts-Gesellschaft bot der Versammlung zu einer Lustfahrt nach Bingen ein Schiff an, was natürlich mit viel Dank angenommen wurde. Um zehn Uhr heute Vormittags stach der, mit einer Menge Flaggen und Fähnchen von verschiedenen deutschen Bundesstaaten verzierte Dampfer, unter dem Krachen der Böller und lustigem Spiele der ausgezeichneten Musik-Bande eines österreichischen Infanterie-Regimentes, vom Ufer. Ein buntes Durcheinander von jüngeren und älteren Naturforschern und Aerzten mit Frauen, Töchtern und Verwandtinnen gruppirten sich auf dem Verdecke. Aber Alle stacken in Mänteln, denn es war empfindlich kühl. Die dichten Morgennebel hatten sich zwar in die Höhe gezogen, noch lag indessen die Sonne mit ihnen im Kampfe, so daß es zweifelhaft blieb, ob sie mit unsern Damen uns anlächeln würde. Doch als das stattliche Lustschloß *Biberich* am rechten Rhein-Ufer malerisch auftauchte, brach sie durch das feuchte Gewölke. Inzwischen wollte es mit der Munterkeit nichts Rechtes werden, einige Collegen hatten zwar den vernünftigen Gedanken, eine Herzenserquickung von *Recipe* Rüdesheimer zu sich zu nehmen, zu welcher Partie ich mich auch schlug, da, wie du weißt, ich stets guten Beispielen nachkomme, aber es fehlte der einende und elektrisirende Gemeinsinn. Ein Theil der Gesellschaft verlor sich in Beschauung der Ufer und angrenzenden Berge, ein anderer ließ sich die „klassischen" Weinlagen erklären, dem Scheine nach mit nachdenklicher Zurückerinnerung zuhörend, ein dritter plauderte, und wieder ein anderer hatte nur Ohr für die ernsten Tonstücke, welche die Musikbande spielte. Uebrigens war die Fahrt abwärts eine angenehme: das Dampfschiff schnitt rasch durch die Wogen, beim jedesmaligen Vorüberfahren an einem Dorfe wurden die Böller gelöst, welche man vom *Johannisberge* aus, auf dessem Schlosse zum Zeichen der Anwesenheit des Fürsten Metternich eine Flagge wehte, erwiederte, die wechselvolle, durch einzeln treibende Wolken veranlaßte Beleuchtung der Stromufer und Berghöhen schuf überraschende landschaftliche Reize. In *Bingen*, wo wir mit Böllerschüssen empfangen wurden, stiegen noch einige Collegen ein, die voraus waren, worauf das Dampfschiff bis zur Burgruine *Sonneck* abwärts fuhr, um uns den Anblick von Burg *Rheinstein*, durch Prinzen Friedrich von Preußen wieder hergestellt, nebst einigen andern Burgruinen vorzuführen. .. .. ..

Nachdem in Bingen wieder gelandet worden war, bestieg die ganze Gesellschaft die Burgruine *Klopp*, mit einer herrlichen Aussicht auf den Rheingau, und eilte dann zum

Tagblatt

für die XVI^te Versammlung

der Naturforscher und Aerzte Teutschlands.

Freiburg i. B. — Nro. 1. — Montag den 3. Sept. 1838.

Anzeige.

Die Unterzeichnete beabsichtigt für die Dauer der in diesem Monat hier stattfindenden XVI. Versammlung der teutschen Naturforscher und Aerzte unter der Leitung der Geschäftsführer ein Tagblatt herauszugeben, in welchem jeweils nicht blos die Wohnungen der angekommenen Mitglieder und anderer Fremden, sondern auch so viel thunlich die Protokollauszüge sowohl der allgemeinen, als der Sektions-Sitzungen und die Tagesordnung des laufenden Tages mitgetheilt werden sollen, so daß nicht nur die Theilnehmer der Versammlung selbst, sondern auch die entfernteren Freunde von allen wichtigen Vorgängen bei der Versammlung schnelle Kenntniß erhalten.

Das Tagblatt wird während der Versammlungen täglich zu einem halben Druckbogen in 4° erscheinen; indeß sollen schon vorher einige Nummern, so oft Material vorhanden, ausgegeben werden, um auch von den Vorbereitungen Kenntniß zu geben.

Die Abonnenten der Freiburger Zeitung erhalten das Tagblatt als Beilage gratis; für anderweitige Abnehmer wird jede Nummer zu 3 kr. berechnet und es kann solches unmittelbar von dem Comptoir der Freiburger Zeitung (Salzgasse Nro. 501), oder durch das großherzogliche Postamt dahier oder auf dem Wege des Buchhandels bezogen werden.

Freiburg, den 1. September 1838.

Die Redaktion der Freiburger Zeitung.

Die diesjährige sechszehnte Versammlung der

Teutschen Naturforscher und Aerzte.

Nachdem die im verflossenen Jahre in Prag versammelten teutschen Naturforscher und Aerzte zu ihrem nächsten Versammlungsorte die Universitätsstadt Freiburg gewählt und darauf Se. Königl. Hoh. unser Durchlauchtigster Großherzog die allerhöchste Genehmigung in den gnädigsten Ausdrücken ertheilt haben, daß die Versammlung dahier stattfinden kann; beehrt sich nunmehr die diesjährige Geschäftsführung, sowohl Teutschlands Naturforscher und Aerzte, wie auch die des Auslandes pflichtschuldigst und freundlichst einzuladen.

Die Sitzungen werden statutenmäßig am 18. September d. J. beginnen. Es können nach §. 6 der Statuten alle diejenigen daran Theil nehmen, welche sich wissenschaftlich mit Natur- und Heilkunde beschäftigen, nach §. 3 und 7 aber die als stimmfähige Mitglieder betrachtet werden, welche Schriftsteller im naturwissenschaftlichen und ärztlichen Fache sind.*)

*) Um möglichen Mißverständnissen zu begegnen, bemerken wir hier noch, wie es sich von selbst versteht, daß sowohl unsere Herren praktischen Aerzte, wie auch die Herren Apotheker Theilnehmer und Mitglieder bei dieser Versammlung seyn können.

Die Geschäftsführung bemerkt hierbei noch, daß folgende Sectionen gebildet werden sollen:

1) Für Physik, Astronomie und Geographie. — Provisorischer Vorstand: Herr Geh. Hofrath und Professor Dr. Wucherer.
2) Für Chemie und Pharmacie. — Provisorischer Vorstand: Herr Professor Dr. Fromherz.
3) Für Mineralogie und Geognosie. — Provisorischer Vorstand: Herr Bergrath Dr. Walchner in Karlsruhe.
4) Für Botanik. — Provisorischer Vorstand: Herr Professor Dr. Perleb.
5) Für Zoologie, Anatomie und Physiologie. — Provisorischer Vorstand: Professor Dr. Leuckart.
6) Für Medizin. — Provisorischer Vorstand: Herr Hofrath und Professor Dr. Baumgärtner.
7) Für Landwirthschaft. — Provisorischer Vorstand: Herr Geh. Rath Freiherr v. Falkenstein.

Die verehrten Herren, welche an der Versammlung Theil zu nehmen gesonnen sind, werden ersucht, davon den unterzeichneten Geschäftsführer baldmöglichst in Kenntniß zu setzen, und demselben ihre Wünsche in Bezug auf etwa zu haltende Vorträge, und zwar in den allgemeinen, wie in den Sections-Sitzungen, zu

Über das sog. „*Tageblatt*" schreiben die Jenenser Kollegen 1837, es gehöre zu der „Übersichtlichen Vorerinnerung, und die harmonischen Accorde der Wissenschaft würden durch die leichten

Tagblatt

für die XVIte Versammlung

der Naturforscher und Aerzte Teutschlands.

Freiburg i. B. —Nro. 2.— Donnerstag den 13. Sept. 1838.

Anzeige.

Die Unterzeichnete beabsichtigt für die Dauer der in diesem Monate hier stattfindenden **XVI.** Versammlung der teutschen Naturforscher und Aerzte unter der Leitung der Geschäftsführer ein Tagblatt herauszugeben, in welchem jeweils nicht blos die Wohnungen der angekommenen Mitglieder und anderer Fremden, sondern auch so viel thunlich die Protokollauszüge sowohl der allgemeinen, als der Sektions-Sitzungen und die Tagesordnung des laufenden Tages mitgetheilt werden sollen, so daß nicht nur die Theilnehmer der Versammlung selbst, sondern auch die entfernteren Freunde von allen wichtigen Vorgängen bei der Versammlung schnelle Kenntniß erhalten.

Das Tagblatt wird während der Versammlungen täglich zu einem halben Druckbogen in 4° erscheinen; indeß sollen schon vorher einige Nummern, so oft Material vorhanden, ausgegeben werden, um auch von den Vorbereitungen Kenntniß zu geben.

Die Abonnenten der Freiburger Zeitung erhalten das Tagblatt als Beilage gratis; für anderweitige Abnehmer wird jede Nummer zu 3 kr. berechnet und es kann solches unmittelbar von dem Comptoir der Freiburger Zeitung (Salzgasse Nro. 504), oder durch das großherzogliche Postamt dahier oder auf dem Wege des Buchhandels bezogen werden.

Freiburg, den 1. September 1838.

Die Redaktion der Freiburger Zeitung.

Freiburg, 12. September.

Durch ein allerhöchstes Rescript aus dem geheimen Kabinet ist der Herr Regierungs-Direktor und Curator, Freiherr von Reck, von Seiner Königlichen Hoheit dem Großherzog beauftragt worden, als Höchstdero Commissarius den allgemeinen Versammlungen der teutschen Naturforscher und Aerzte, so wie den zu ihren Ehren veranstalteten Festlichkeiten beizuwohnen. —

Von Fremden sind in den letzten Tagen bereits eine Menge Anmeldungen eingekommen, von denen wir nur folgende erwähnen:

Seine Hoheit der Prinz **Paul Wilhelm** von Würtemberg; Professor Agassiz aus Neufchatel; Alberti aus Rorschach; Salinen-Inspektor **Althaus** aus Dürrheim; Prof. Friedr. Arnold aus Zürich; Medizinalr. Bauer aus Karlsruhe; Prof. Bene aus Pesth; Prof. Bernoulli aus Basel; Eli de Beaumont aus Paris; Prof. Bischoff aus Heidelberg; Prof. Alex. Braun aus Karlsruhe; Kammerherr von Buch aus Berlin; Geh. Hofr. Buchner aus München; Hofr. Carus aus Leipzig; Charpentier aus Ber; Geh. Hofrath Chelius aus Heidelberg; Coulon aus Paris; Staabsarzt v. Czihak aus Jassy; Professor Ehrmann aus Straßburg; Professor Escher aus Zürich; Professor Eschericht aus Kopenhagen; Professor Ettingshausen aus Wien; Freiherr von Fahnenberg aus Baden; Prof. Fée aus Straßburg; Prof. Forgert aus Straßburg; Geh. Hofr. Gmelin aus Heidelberg; Medizinalrath Heifelder aus Sigmaringen; Prof. Hering aus Stuttgart; Gutsbesitzer Hoffmann Bank aus Dänemark; Handelspräsident Hönighaus aus Crefeld; Prof. Jan aus Parma; Prof. Jaeger aus Stuttgart; Prof. Jung aus Basel; Medizinalrath Kölreuter aus Karlsruhe; Dr. Kurr aus Stuttgart; Professor Leupoldt aus Erlangen; Geheimer Rath von Leonhard aus Heidelberg; Professor Liebig aus Gießen; Professor Löwig aus Zürich; Hofr. von Martius aus München; General-Stabsarzt Meier aus Karlsruhe; Prof. Meißner aus Basel; Prof. Merian aus Basel; Garten-Inspektor Metzger aus Heidelberg; Montmoullin aus Paris; Geheimer Hofrath Munke aus Heidelberg; Professor Münz aus Würzburg; Hofrath Oken aus Zürich; Professor d'Outrepont aus Würzburg; Professor Osann aus Würzburg; Prof. Perthy aus Bern; Prof. Plieninger aus Stuttgart; Prof. Rau aus Bern; Dr. Roberton aus Schottland; Geh. Legationsrath v. Roser aus Stuttgart; Hofr. Rehmann aus Donaueschingen; Dr. Rumpelt aus Dresden, Prof. Roux aus Paris; Dr. Rivinus, amerikanischer Consul; Medizinalrath Schneider aus Offenburg; Prof. Schinz aus Zürich; Hofr. Schultze aus Greifswalde; Prof. Schönbein aus Basel; Hofr. Seeber

Fittige des Tagblattes in ganz Deutschland verbreitet und hätten einen theilnehmenden Wiederklang gefunden". Aus: Tagblatt für die 16. Versammlung, Freiburg 1838.

Mittagsmahle, das im Gasthof zur Königin Viktoria und im weißen Roß ihrer harrte, denn die Personenzahl war viel zu groß, um in *einem* Hotel diniren zu können.

Das Diner war vortrefflich. Man konnte so recht anschaulich bemerken, daß hier eine Gesellschaft von Naturforschern und Aerzten eine Aufgabe löst, bei der man mit dem Messer gut umgehen muß, und wo überhaupt Alles auf das Experiment ankömmt. Wir arbeiteten mit unermüdlichem Fleiße und gänzlicher Abstraktion von der lauten Außenwelt in unserem Berufe, mit Geist und Körper. Mein Gegenüber, dessen Name mir, da er etwas leicht, schon wieder entfallen ist, hielt mir, indem er große Bissen von einem Rheinsalmen verschlang, einen gelehrten Vortrag über den Unterschied der Faserbildung bei diesem Fische und bei *Salmo Hucho* und *Fario* (*Bloch*); mein Nachbar zur Rechten war emsig beschäftigt, die Abweichungen in der Sehnen-Struktur zwischen dem Haus- und Rebhuhne zu ermitteln, und ein Paar Stühle weiter oben prüfte ein Chemiker aus Berlin mit contemplativer Ueberlegung den Weingeist-Gehalt des feurigen Scharlachsberger. Doch zum stöchionometrischen Berechnen der Procente kam es nicht, denn ein Toast drängte jetzt den andern, unter rauschender, fanfarender Musik. Den ersten brachte ein Professor, der sich sonst nur mit Steinen und ihrer Gestaltung befaßt, auf die *alte* Dame *Moguntia* aus, denn den *jungen*, bemerkte er mit blinzelnden Augen, sei er ohnedieß gut.

Laute Fröhlichkeit hallte jetzt im Saale, die Musik spielte muntere Weisen, die Gläser erklangen auf freundliches Wiedersehen nächsten Jahres in Grätz. Inzwischen war die Zeit verstrichen, die vierte Nachmittagsstunde mahnte zum Aufbruche und zur Abfahrt. Hohe Herren dulden keine Vertraulichkeit: so rächte sich auch der rheinische Rebengott ob der an ihm begangenen Vermessenheit, indem er den Sinn eines Theiles der Gesellschaft verwirrte, zur Ausführung eines Fastnachtsstückchens die Herren verführend. Nachdem nämlich der Zug der Gäste, mit der spielenden Musik voran, vom Hotel aus, beim Dampf-Schiffe angekommen war, nahm ein großer Theil mit der Musik rechts vor, und zog zu nicht geringem Ergötzen der gaffenden und lärmenden Jugend unter Sang und Klang durch die Hauptstraßen Bingens. Und wer weiß, wie weit und wohin wir gezogen wären, hätte uns nicht der mit einem Male fallende Regen rasch auf das Schiff getrieben. Die Böller am Ufer, wie auf dem Dampfer knallten, man stieß vom Ufer stromaufwärts segelnd, und der Dampfschifffahrts-Gesellschaft ein allgemeines Lebehoch ausbringend. Auf dem Verdecke wurde es recht lustig: Alle flüchteten auf das Hintertheil des Schiffes unter die Leinwandschirmen. Man drängte sich so enge zusammen als möglich, nahm die Musik in die Mitte, welche das alte, vielbekannte Lied „Am Rhein, am Rhein, da wachsen unsre Reben" — anstimmte, in welches die heitere Gesellschaft *unisono* einfiel. So ging es unter Sang, Scherz und Musik, wieder zurück nach Mainz, munter und fröhlich, trotz Regen und Wind. Mancher einzelne schlich zwar von dannen, um sein schweres Haupt auf den Kissen der Kajüte oder des Pavillons auszuruhen, ein Anderer schlürfte den braunen Saft in großen Zügen, um den Dunstkreis seines geistigen Horizontes etwas zu lichten; als wir aber in Mainz Abends gegen acht Uhr unter Böller-Salven landeten, waren Alle frisch und wohlgemuth auf dem Verdecke, und empfangen vom Zurufe der am Ufer gedrängt stehenden Menge. .. .. ..

Ehe ich den Bericht über diese Versammlung an dich beende, will ich dir noch meine Ansichten über die nothwendigen Reformen der Gesellschaft mittheilen. Als Zwecke wurden von dem Stifter Oken festgestellt: Erholung von den Berufsarbeiten der Naturforscher und Aerzte Deutschlands, persönliches Sich-Kennenlernen derselben und mündlicher wissenschaftlicher Verkehr, in nächster Folge endlich Anregung zu künftigen Geistes-Produktionen insbesondere, wie eines geistigen Lebens überhaupt.

Der erste dieser Zwecke wird vollkommen erreicht, denn die Fürsten der Länder, wie die Magistrate und Bewohner jener Städte, in welchen bis jetzt die Versammlungen gehalten wurden, haben Alles aufgeboten, um den Theilnehmern frohen und erhebenden Genuß in Menge zuzuwenden. Ja, das sich immer mehr erhöhende Interesse der Gesammtheit für die Gesellschaft steigert dieses Bestreben zusehends. Die anderen Zwecke werden indessen nur theilweise realisirt. Namentlich war solches in Mainz dieses Jahr wegen der großen Zahl der Theilnehmer — fast achthundert — der Fall. Nicht, daß die älteren, mit Orden gezierten Herren gegen die jüngeren, durch ihr persönliches Erscheinen minder auffallenden, ein gewisses Vornehmthun an den Tag legten; aber wenn beide nicht immer fragen und wieder fragen, wo die Antwort auch nicht stets eine genügende ist, kommen sie zu keiner Kenntniß der Personen-Objekte. Und zum Aufsuchen der Herren in ihren Wohnungen reicht theils die Zeit nicht hin, theils macht man den Gang oft vergeblich. Es würde demnach zweckmäßig sein, jedem Einzelnen seinen bestimmten Platz, und zwar nach der Zeit seines Eintreffens, mittels Aufklebens eines mit dem Namen bezeichneten Papierzettelchens zu markiren, den derselbe stets einzunehmen hätte, und welcher bei Abwesenheit des Bezeichneten natürlich leer bleiben müßte, u. s. w.

Ein Uebelstand, welcher den persönlichen und wissenschaftlichen Verkehr trifft, liegt in den gleichzeitigen Stunden der verschiedenen Sections-Sitzungen, so daß Jener, welcher zum Beispiel die medicinische Sektion besucht, auf das Erscheinen in der chemischen, oder zoologischen u. s. w. verzichten muß. Deswegen sollten die Sections-Sitzungen auf den ganzen Tag ausgetheilt werden, und die *Diners* u. s.w. erst abends statt haben. Dieses wäre um so leichter zu bewerkstelligen, als bekanntlich unter der Woche gewöhnlich nur ein Tag zu Ausflügen in die Umgegend benützt wird. Ich sage zwar nicht mit *Schiller's Wallenstein:*

„Dieß Geschlecht kann sich nicht anders freuen, als bei Tisch",

bin vielmehr selbst ein warmer Verehrer der Freuden einer gut besetzten Tafel; doch Alles zu seiner Zeit, und das Sinnliche muß sich dem Geistigen, jedenfalls bei einer so erlauchten Versammlung, unterordnen.

Jedes Institut der Kunst und Wissenschaft muß ein organisches sein, muß sich, den Attributen des Lebens entsprechend, naturgemäß entwickeln, soll es nicht bald nach seinem Entstehen in sich zerfallen, oder, den Hemmungsbildungen vergleichbar, in einem beschränkten, kränkelnden Dasein blos vegetiren. Das gilt mithin gleichfalls von Oken's Stiftung. Hätte er sich bezüglich dieser nicht von der Bühne des Handelns zurückgezogen, so würde er wahrscheinlich seinem Schöpfungswerke ein potenzirteres Leben eingehaucht, eine vielseitigere Gestaltung desselben veranlaßt haben. Aber verwaist, wie die Gesellschaft seit Jahren steht, muß sie letzteres aus ihrer eigenen Lebenskraft entnehmen, müssen die einzelnen Glieder des Institutes mächtig zusammenwirken. Die bei der Mainzer Versammlung ernannte Commission hat sich zwar gegen eine Aenderung der Statuten ausgesprochen, und ihr *Parere* durch unmotivirte, nur zu rasche Zustimmung der Mehrzahl der Anwesenden in der zweiten allgemeinen Sitzung zur Rechtskraft erhoben gesehen, aber die vorjährige Versammlung sah die Nothwendigkeit von Reformen klar ein, und die nächstjährige kann den heurigen Beschluß wieder aufheben. Hoffentlich wird sie das auch thun.

Das in so viele Staaten-Parzellen zersplitterte Deutschland ringt nun nach Einigung. Aus Aller Mund tönt der gemeinsame Ruf nach Einheit: bei Vielen nur ein gedankenloser Wortlaut, ein jetzt gangbarer Modeartikel, ein hätschelndes Gängelband; bei den Wenigeren ein schöpferischer, zum Bewußtsein gekommener Gedanke. Die Geschichte hat bewiesen, daß dieser Drang nach Concentration auf politischem Wege nicht realisirt worden ist. Ob er auf ihm das je werden kann, — für solche Fraguntersuchung eignet dieser Ort sich nicht. Aber sonnenheiter liegt es vor Augen, daß die *Industrie* die Erreichung dieses Zieles sich festgesteckt und bereits die Bahn zu demselben gebrochen hat. Die *Wissenschaft*, und vorzugsweise die mit jener in der engsten Verbindung stehende *Naturwissenschaft*, muß und wird ihr folgen. Die Gesellschaft der Naturforscher und Aerzte, welche sich alljährig an einem gewählten Orte im September versammelt, repräsentirt die große Akademie der vielen Länder und Ländchen des gesammten Deutschlands, — eine Akademie, welche blos durch *freiwilligen* Zusammentritt von Männern der Wissenschaft ihre Existenz bescheinigt, aber auch ihre Würde, ihren Glanz erhält. Aus allen Gauen des gemeinsamen Vaterlandes richten sich die Blicke erwartungsvoll auf die Versammlung, jede Stadt sendet ihre Abgeordneten, und alle buhlen um die Ehre, um die Gunst, die Gesellschaft in ihren Mauern zu haben. Bedeutsamer noch als dies ergibt sich die Thatsache, daß Deutschland die Versammlung bereits als geistigen Areopag anerkannt, indem es ihm schriftliche Zusendungen macht, in welchen es um Lösung von Zweifeln, um Beantwortung von wichtigen Fragen der Industrie, Kunst und Wissenschaft nachsucht, oder indem es durch eigene Gesandte die zu untersuchenden Gegenstände in Anregung, zur Sprache bringen läßt.

Die Gesellschaft hat jedoch das Vertrauen nicht so erwiedert, wie und mit welchem das gesammte Deutschland sich ihr zugewendet; hat dieser Stellung nicht entsprochen, welche man ihr zugedacht; und hat endlich diese Thätigkeit nicht entfaltet, welche man von ihr erwartet. Die eingeschickten Fragen wurden lau aufgenommen, die zur Untersuchung vorgebrachten Gegenstände fanden nicht die gewünschte Erledigung u. s. w. „*Exempla sunt odiosa.*" Deswegen haben jene, welche der Gesellschaft alle höheren, erhebenden Tendenzen absprechen, sie nur als einen Verein zu Schmauß, Trunk und Tanz hinstellen möchten, in einiger Beziehung so Unrecht nicht, obschon sich das Uebertriebene und Gehässige in ihren Schilderungen andererseits nicht verkennen läßt. Soll aber die Gesellschaft die Stellung einnehmen, welche man von ihr wünscht, und das leisten, was die Zeit jetzt von ihr erheischt, so muß vor Allem ein anderes Leben in die einzelnen Sectionen kommen: die mitunter sehr langweiligen Vorlesungen in den letzteren hätten zu unterbleiben, für deren Gegenstände ohnedieß die Journalistik Raum genug bietet. Dagegen wären eigene Commissionen zu bilden, welche die eingeschickten oder aufgeworfenen Fragen berathen und dann zur Discussion in die Sitzungen bringen würden. Permanente Ausschüsse, wenigstens für die Dauer von einigen Jahren, müßten constituirt werden, welche den Commissionen vorzuarbeiten hätten. Dieses dürfte sich um so eher bewerkstelligen lassen, als bekanntlich viele Mitglieder die Versammlung jährlich mit ihrer Gegenwart beehren und in guten ökonomischen Umständen sich befinden, somit, abgesehen von ihrem eigenen Interesse an Förderung

der Wissenschaft und Kunst, ihre Uneigennützigkeit in diesem Punkte sich nicht bezweifeln läßt.
Mit diesen Reformen ist die Anforderung an die Errichtung eines Archives für die Gesellschaft schon an und für sich gegeben, das bis jetzt auch vielseitig und schmerzlich vermißt worden ist.
Dieß, meine Ansichten über das, was der Gesellschaft Noth thut, wenn sie ihren nationalen Charakter beibehalten und weiter entwickeln soll. Die künftigen Zeiten würden dann bestimmen, was noch in der angeregten Beziehung geschehen müßte.

Festrede des Herrn Bundespräsidenten Prof. Dr. Th. Heuß anläßlich der ersten Tagung der Gesellschaft nach dem zweiten Weltkriege am 22. Oktober 1950 in München

(Aus: Verhandlungen der Gesellschaft Deutscher Naturforscher u. Ärzte. 96. Versammlung zu München. Berlin-Göttingen-Heidelberg: Springer 1951. S. V—VI)

Meine Damen und Herren! Es war etwa im Februar, als Professor von Bergmann die Freundlichkeit hatte, mich zu dieser Tagung einzuladen. Aus Respekt an der Geschichte der Vereinigung habe ich zugesagt. Ich war damals noch Bundespräsident in Ausbildung. (Heiterkeit.) Ich wußte nicht, was noch alles passieren würde. Es kam die „Woche der Wissenschaft", es kam der Ärztetag und es kam die Max-Planck-Gesellschaft. Da stand ich jetzt in einer gewissen Verlegenheit, ob ich eigentlich die innere Berechtigung habe und ob es nicht als eine Art von Wichtigtuerei erscheinen mag, wenn ich auch bei dieser Tagung einige Worte an Sie richte.
Das ist eine etwas komplizierte Angelegenheit, als Laie — Prophete rechts, Prophete links, das Weltkind in der Mitte (Heiterkeit) — nun zu den Dingen zu sprechen, bei denen man im Grunde — „ignoramus, ignorabimus" in einem ganz anderen Sinne — schließlich doch *vor* der Pforte steht.
Die Frage ist für mich doch mit einer gewissen Lockung versehen, weil dieses Weltkind sich zwar nicht in den Naturwissenschaften, aber in deren Geschichte etwas umgesehen hat. Wenn etwa zwei oder drei Prozent der Anwesenden in diesem Saale einmal Protokolle der Gesellschaft deutscher Naturforscher und Ärzte durchgearbeitet haben sollten, dann bin ich unter diesen drei Prozent. (Heiterkeit.) Durchgearbeitet ist etwas zu pompös gesagt. Aber ich habe einmal bestimmte Dinge in meinen historischen Arbeiten zu erforschen gehabt und habe dabei das erlebt, was für jeden der

große Reiz solcher Arbeit ist. Man gerät nämlich auf Nebenwege und sucht und findet nicht bloß das, was der Sinn der Arbeit ist, sondern man spürt nebenher auf einmal in einer ganz fremden Zeitenwelt Dinge, die einen unmittelbar angehen. Das ist mir ein paarmal passiert. — Ich habe etwa die Protokolle dieser Gesellschaft aus den 60er Jahren durchgesehen, als ich über den Zoologen Anton Dohrn arbeitete: Da steht der geistesgeschichtlich wichtige Vorgang, daß der junge Ernst Haeckel auf der Stettiner Tagung mit der etwas anspruchsvollen Selbstgewißheit, die sein Leben und sein Forschen charakterisiert, den Deutschen Darwin zeigte; von diesem Tage lebt in der deutschen naturwissenschaftlichen Entwicklung eine sehr ernste und schwierige Problemstellung, fördernd wie hemmend. Ein paar Jahre später in Innsbruck der denkwürdige Tag, daß der vor seinem jungen Ruhm stehende Hermann von Helmholtz vorträgt und nach ihm der schon etwas ältliche und müde kleine Provinzarzt Robert Mayer aus Heilbronn die Gelegenheit bekommt, neben seinem großen und glänzenden Konkurrenten über die „Mechanik der Wärme“ zu sprechen. Zur Verblüffung der ihn mit achtungsvollen Respekt anhörenden Gesellschaft schließt er den Vortrag über die Mechanik der Wärme mit einem Bekenntnis zu den Grund- und Heilswahrheiten des Christentums. Ein höchst merkwürdiger Vorgang, weil man, indem man diese Wege auffindet, spürt: Hier wird ja nicht nur abgeschlossen Naturwissenschaft getrieben, sondern hinter diesen Versammlungen ist transparent die Welt der Zeit, ihr Geist. Man sieht, daß diese „Gesellschaft deutscher Naturforscher und Ärzte“ in ihrem Wirken auch von dem Atem der deutschen *Geistes*geschichte durchweht ist. Ich glaube, es wäre sehr reizvoll, wenn jemand die Geschichte der Gesellschaft unter *diesem* Gesichtspunkt betrachtet: Transparenz der Auseinandersetzung von Naturphilosophie und einfachem Empirismus, gleich am Beginn, wo ja Oken eine gedanklich ungewisse Stellung hat; der junge Liebig, einer der ersten Redner. Sein frühes Anliegen war das Absetzen von der Naturphilosophie des Schelling; der spätere Liebig, als er anfängt, den Bacon zu demolieren und dessen „Induktionsmethode“ zu entlarven, wie er das versteht, ist dann selber auf dem Weg, in seiner Lehre vom Kreislauf der Kräfte und Stoffe etwas wie eine Naturphilosophie herzustellen.

Ich glaube, dabei würde sich gleichzeitig ergeben die ungeheuere Fülle an Temperamenten und Individualitäten, die hier ihre Aussagemöglichkeit fanden, und jene Hintergründigkeit von „vitalistischer“ und „mechanistischer“ Auffassung, von Neuvitalismus der Drieschschen Fassung oder von dem neueren Versuch Max Hartmanns, die Naturwissenschaften in die philosophische Erkenntnistheorie einzubetten. Es könnte sich ergeben, daß die Grenzen zwischen „Kulturwissenschaften" und Naturwissenschaften, so wie sie Heinrich Rickert noch dargestellt hat, abzusinken beginnen oder doch auf einmal fließend werden.

Ich selber weiß ein sehr einfaches Rezept, um diese Grenzen zum Erweichen zu bringen: Die Naturwissenschaftler und die Ärzte sollen anfangen, die Geschichte der Naturwissenschaften und der Medizin selber zu studieren. Dann werden sie spüren wie das, was sie heute als Besitz vor sich haben, unter bestimmten Voraussetzungen erst langsam gedacht und erdacht wurde. Sie merken, daß da nicht die Verfeinerung von Apparaturen und die Entwicklung der Meßmethoden das Entscheidende ist, sondern daß die wechselnden Fragestellungen, durch die der Atem der Zeit geht, die Entwicklung bestimmt haben.

Als kürzlich der Ärztetag in Bonn stattfand, hat er einen Beschluß gefaßt, der sehr klug und in diesem Sinne weitwirkend sein kann, daß nämlich die jungen Ärzte in der *Ausbildung* die *Geschichte der Medizin* als Pflichtfach erhalten. Es kann nun einer sagen: Wozu denn das? Das ist eine neue Überlastung. Hat denn der Kranke etwas davon, wenn sein Arzt weiß, wie vor 100 oder 50 Jahren die Dinge gemacht wurden. Er hat den Gewinn davon, daß der Arzt als solcher gegenüber seinen Aufgaben — verzeihen Sie — bescheidener wird. Ich bitte, mich jetzt nicht falsch zu verstehen, als ob der Arzt der Natur nach unbescheiden wäre. Es wird für ihn aber die Empfindung lebendig, vor der schließlich jeder Naturwissenschaftler und jeder, der mit exakten Experimenten zu arbeiten hat, leicht steht, weil seine Methoden entwickelter und seine Instrumente schärfer sind, daß er sich gescheiter vorkommt, als sein Großvater es war. Er ist nicht gescheiter. Er ist kenntnisreicher. Das ist nicht wenig, aber es ist nicht alles. Denn unsere Enkel werden auch kenntnisreicher sein, als wir es sind.

Wir wissen noch gar nicht, wie die Dinge, die in den letzten 30 bis 40 Jahren die moderne Naturwissenschaft beschäftigt haben, in die Phantasie des nicht unmittelbar beteiligten Volkes oder, sagen wir, der Bildungsschicht eingehen. Ich habe noch Glück gehabt. Ich bin im Physikunterricht gewesen, ehe es Einstein gab. Stellen Sie sich einmal vor, wenn Einstein für Studienräte reif wird und in die Problematik des Schulunterrichts kommt, welches ungeheure technische, methodische Umdenken in das hineinkommen muß, was für uns noch „klassische Physik" war.

Ein zweites gilt für diese Gesellschaft. Sie ist, man spürt es in ihrer Geschichte, auch *ein Verfahren der Wiedergutmachung*. Denken Sie an manche therapeutischen Vorschläge für den kranken Menschen der letzten 80 Jahre. Viele davon wurden verlacht, weil sie von dem Missionseifer derer, die mit dieser Therapie kamen, einseitig gezeigt, einseitig — und vielleicht im Elementaren überhaupt nicht — begriffen wurden. Heute sind Dinge, wie einmal etwa der Pfarrer Kneipp sagte — ich bitte, aber nicht nach dieser Erwähnung einfach für die Kneipp-Lehren in Anspruch genommen zu werden —, auf einmal irgendwie aus einer anderen Sicht heraus ein Bestandteil auch der „wissenschaftlich" überlegenden therapeutischen Medizin geworden.

Diese Vorgänge, daß der manchmal ahnungsreiche, aber nicht sehr präzise Dilettantismus des Außenseiters später eine wissenschaftliche Unterbauung erfahren hat, sind, glaube ich, gerade im Kreise dieser Gesellschaft bekannt. Es wird sich eine geistesgeschichtliche Entwicklung auch dahin ergeben, daß die einseitige Sicht des Naturwissenschaftlichen, wie sie sich in der populären Vereinfachung darstellt, vor den komplexeren Tatbeständen wegschmilzt.

Als wir kürzlich in Bonn beim Ärztetag beisammen waren, da habe ich mich veranlaßt gefühlt, zur Überraschung der einen, zur Freude der anderen, etwas über Rudolf Virchow zu sagen, weil der so nebenher ein bißchen schlecht behandelt worden ist, ohne daß sein Name genannt war. Ich glaube, auch im Rahmen *dieser* Gesellschaft muß an Virchow gedacht werden; denn er ist ihr durch Jahrzehnte *die* bewegende Figur gewesen. Wenn wir auch heute von ihm sprechen, dann also nicht von dem Fachpathologen, auch nicht von dem Sozialhygieniker, der die ganze Sozialhygiene durchpraktiziert hat, sondern davon, daß er auf diesen Tagungen auch den Blick der Menschen hinlenkte zu den Fragen der Erziehung und zu den Dingen der Paläontologie, die ihn beschäftigten. Auf einmal sieht man, daß Virchow ein „Ausgräber", einer der Träger des neuen archäologischen Mühens, auch der volkskundlichen Arbeit — Trachtenwesen und Haustypensammlung — gewesen ist, auch ein Freund und Förderer von Schliemann. Und hier springt er aus der naturwissenschaftlichen Spezialisierung, von der so viel geredet wird, in die Geisteswissenschaften hinein. *Er war kein „Spezialist"*.

Dazu noch ein paar Bemerkungen. Auf der Tagung der Max-Planck-Gesellschaft haben wir uns über derlei auch unterhalten. Als ich mir so den Katalog der neuen Max-Planck-Institute ansah, habe ich gesagt: Kinder, Achtung, daß Ihr Euch nicht zu sehr spezialisiert! In seinem eindrucksvollen und schönen Vortrag hat Professor von Weizsäcker davon gesprochen, daß Spezialistentum Notwendigkeit und Schicksal der modernen Naturwissenschaft sei. Da ist dann ein schöner Aufsatz über das Spezialistentum erschienen, in dem es heißt, daß der Heuß recht hätte — der Bundespräsident hat zunächst die Chance, bis man dahinter kommt, immer recht zu haben — und

Weizsäcker unrecht. Der Mann irrt sich. Es ist der glückliche Fall, daß *beide* recht haben. Es ist vielleicht notwendig, sich einen Augenblick darüber noch zu unterhalten; denn auch bei Ihnen geht die Diskussion über die Problematik: Spezialisierung — Nichtspezialisierung.

Die Differenzierung des Wissenschaftsgebietes vollzieht sich schon im 19. Jahrhundert im wachsenden Maß. Ich glaube, es gibt eigentlich fast nur zwei Ausnahmeerscheinungen, bei denen man davon nicht reden kann. Die eine ist Robert Bunsen in seiner Wirkung für die Chemie wie für die Physik. Er faßt die verschiedensten Geschichten an. Immer kommt Großartiges und Selbständiges heraus. Das, was theoretisch damit zusammenhängen könnte — verzeihen Sie, daß ich mich so derb ausdrücke —, ist ihm kolossal wurst. Alles Theoretische hält er für „Vorstellungen", überläßt es den anderen, und die anderen haben noch sehr lange damit zu tun, das neu darzustellen und zu beginnen, was sein Geschick, sein Grübeln, sein Spürsinn, seine Phantasie, an die Dinge heranzugehen, findet. Und der zweite, Helmholtz, Physiker und Physiologe, beides auf einmal — nebenher sind auch die Ärzte als Gewinner seines Augenspiegels im Hintergrund — ganz anders als Bunsen, ein Mann, der zugleich bemüht ist, das Problem „Naturwissenschaften" ins Geisteswissenschaftliche in irgendeiner Weise mit einzubauen.

Der Arbeitsprozeß der modernen Naturwissenschaften hat den inneren Zwang der Spezialisierung durch die Entwicklung der Methoden, Apparaturen, Instrumente und was dazu gehört. Aber gerade mit der Spezialisierung stößt die Arbeit dann immer wieder an das Grenzgebiet. Vom Grenzgebiet aus entstehen die *neuen* Fragen. Niemand vermag heute, rein quantitativ, den Umfang der modernen Naturerkenntnis zu beherrschen. Jeder bleibt angewiesen auf die Nachbardisziplin — wie hat sich etwa die Grenze von Chemie und Physik im Laufe der letzten 60 Jahre verschoben! Er bleibt angewiesen nicht nur auf die Nachbardisziplin, sondern auch auf den *Nachbarn*, und zwar nicht bloß auf den individuellen Nachbarn, sondern es sprechen Volksindividualitäten miteinander. Wir bleiben angewiesen auf das, was Angelsachsen, was Franzosen, was Italiener und Skandinavier und so fort leisten und geleistet haben. Und diese sind darauf angewiesen, was *bei uns* geleistet wurde und neu geleistet werden wird. Wir stehen in der seltsamen Wechselwirkung zwischen dem individuellen Forschertum, das immer eine aristokratische und entsagungsreiche Angelegenheit ist, und ihrer Beeinflussung durch die *allgemeine* geistige Lage, durch die allgemeine geistige Problemstellung. Wenn man von diesem Schicksal der Spezialisierung redet, dann greift ein

Sehnsuchtsgefühl hinaus nach einer Gesamtvorstellung. Man will den universalen Menschen in der Wissenschaft haben, nicht den enzyklopädischen. Es ist ja sehr merkwürdig: Im allgemeinen ist das Griechische vornehmer als das Lateinische; ethisch ist mehr als moralisch, Synthese mehr als Kompromiß, aber hier nun ist „universal" mehr als „enzyklopädisch". Für uns ist die Lage, wenn wir an die Tagungen und an diese Vereinigung denken, doch so: Es kann das Universale nicht bestellt, wohl aber das Enzyklopädische mit Mühe zusammengelesen werden (abgesehen von dem, was man zwischendurch wieder vergißt). Aber vor was steht die wissenschaftliche Gesamtentwicklung? Im Zusammenhang mit der Differenzierung, die sie nehmen mußte, haben wir bekommen die Tagungen der Physiker, die Tagungen der Chemiker, der Röntgenologen, der Internisten und der Chirurgen, jede für sich, sogar eine Tagung für Therapie. Ich habe gefragt: Wann kommt eine Tagung für Diagnose? Es ist also eine höchst reiche Spezialisierung der Fragestellungen unumgängliches Schicksal. Und hier liegt, glaube ich, Ihre bleibende Aufgabe. Als Lorenz Oken 1822 auf einmal ein paar Männer zusammenrief, Ärzte und andere, war das ein Versuchen, irgendwie Disziplinen zusammen zu bringen, das Gemeinsame und das Trennende zu sehen. Es kam die wunderbar seltsame Figur Alexander von Humboldts dazu, gänzlich unphilosophisch, aber künstlerisch deskriptiv, die sammelnde Kraft der klärenden Anschauung.

Und nun besteht seit über 100 Jahren in dieser Gesellschaft neben der Welt des Sammelns und Sichtens, neben der Differenzierung und dem Auseinanderfallen doch die Atmosphäre des Gebens und Nehmens von Wissenschaft zu Wissenschaft, von Mensch zu Mensch, die freie Atmosphäre der gemeinsamen Wahrheitsfindung. Davon werden viele reicher, mancher stiller, jeder Redliche dankbarer werden.

Festvortrag des Vorsitzenden Professor Dr. Gustav von Bergmann, München, 22. Oktober 1951 (Auszug)

(Aus: Verhandlungen der Ges. Deutscher Naturforscher u. Aerzte. 96. Versammlung zu München. Berlin-Göttingen-Heidelberg: Springer 1951, S. VII)

„Naturforschung und Medizin im Spiegelbild der Mitte des 20. Jahrhunderts"

Wenn es einen tieferen Sinn hat, diese Eröffnungssitzung feierlich musikalisch einzuleiten und zu beschließen, so kommt darin das menschliche Bedürfnis zum Ausdruck, an den Anfang unserer Tagung *das Irrationale* zu setzen. Werten wir doch ein Orgelkonzert von Händel, das uns Professor Schneider und die Münchener Philharmoniker mit ihren Streichern so dankenswert geboten haben, nicht allein als ein physikalisches Phänomen, das es sehr wohl auch ist, wie jede Musik, aber uns sollten die feierlichen Orgeltöne noch anderes bedeuten außerhalb der Ratio oder der Logik. Es ist für uns ein seelischer Ausdruck der Freude, daß die altberühmte Tagung sich endlich nach 12 Jahren wieder konstituiert hat und heute durch ihre besten Männer vertreten ist. Es klingt dabei auch der Schmerz an, ja die Verzweiflung darüber, was in Deutschland geduldet wurde und was Deutschland, durch viele seiner eigenen Söhne gemartert, erduldet hat.

Schauen wir aber vorwärts, gestaltet sich doch auch die gewagte Tat der Wiedererweckung der Naturforscherversammlung zum Dank, daß wir wirken dürfen, solange es Tag ist. Auf dieses Wirken gerade der letzten 50 Jahre, in denen Geniales schöpferisch hervorgebracht wurde, wollen wir mit andächtiger Begeisterung hören, wie auf jene großen Harmonien des Orgelkonzerts.

Unsere Versammlung hat von ihrem ersten Beginn an, also seit 1822, immer wieder zum Ausdruck gebracht, daß wir nicht in Spezialisierungen zerfallen dürfen, sie hat vielmehr etwas Umfassenderes und Allgemeineres angestrebt, denn jeder einzelne Forscher handelt mit seiner spezialisierten Arbeit nur dann *sinnvoll*, wenn ihm die *Bedeutung* seines Gebietes im Rahmen des Ganzen klar ist, weil ihm als Allgemeineres ein größeres Ziel vorschweben sollte, in der Einheit von naturwissenschaftlichem und medizinischem Denken. Wir brauchen diese *gestaltende Synthese*, um nicht in der Fülle des Einzelwissens zu ersticken oder sehr schlicht ausgedrückt, wir sind dauernd in Gefahr vor Bäumen den Wald nicht zu sehen.

Es muß ein Boden wiedergewonnen werden, von dem sehr viel verloren gegangen ist. Der einzelne Naturforscher, ebenso wie der Arzt, darf nicht glauben, daß die Spezialkongresse für ihn der Weisheit letzter Schluß sind, wie ich es oft gehört habe, gerade als Einwand gegen die heutige Tagung. Es ist die Einstellung wiederzugewinnen, die weit über 100 Jahre sich bewährt hat, daß wir in den Hauptsitzungen uns alle vereinen, gerade um nicht Fachmenschen zu werden mit der Enge ihres Horizonts. Um das zum Ausdruck zu bringen, konnten wir die Teilsektionen dieses Mal völlig unterlassen, auch weil die Zeit dazu nicht mehr reichte. Wir sind jetzt glücklich, daß wir gerade in Göttingen unsere Gesellschaft in naher Beziehung zur dortigen Max-Planck-Gesellschaft wieder errichtet haben.

Wir wissen, daß dieses Mal der Besuch relativ klein sein wird, ich weiß aber auch, daß die Gelehrten, die von uns zu Vorträgen aufgefordert sind, und die gewählten Themen so vom Vorstand der Gesellschaft zusammengestellt wurden, daß die Versammlung noch nie unter solchen großen Auspizien zusammengetreten ist. Ein Blick auf das Programm zeigt Ihnen, wie in den letzten 50 Jahren sich in der Naturwissenschaft und Medizin ein Wandel vollzogen hat, der zum bewußten Bekenntnis werden muß.

Wenn der Präsident der Deutschen Bundesrepublik, Herr Professor Heuß, den ich wie seine Frau besonders begrüße, durch seine Anwesenheit und seine Ansprache die Bedeutung unserer Tagung unterstrichen hat, erinnern wir uns gerne, daß er die zoologische Station in Neapel, das Aquarium, in seiner schönen Biographie über Anton Dohrn, als das zeitlich *älteste Forschungsinstitut der Welt* bezeichnet hat. Er hat damit die volle Würdigung gefunden solcher für die Forschung so dringend nötigen internationalen Institute. Wir haben die Freude einen Enkel von Anton Dohrn heute hier zu begrüßen. Ich sehe in der Anwesenheit unseres Bundespräsidenten etwas wie eine Bürgschaft dafür, daß die Forschung um der Forschung willen auch in unserem Bundesstaat trotz knapper Geldmittel eine starke Förderung erfahren wird, welche die Voraussetzung ist, daß wir die alte Höhe wieder erreichen, nicht als auserwähltes Volk, sondern im edelsten Wettkampf gleichwertiger nationaler Gemeinschaften. Mir scheint das wichtiger, als die Überbewertung des Sports, der zwar vom antiken Heiligtum in Olympia ausgegangen ist und den Körper wie den Charakter stählt, aber nicht den Geist.

Die lange Zeit von 12 Jahren, in denen wir durch Kriegs- und Nachkriegszeit ruhen mußten, hat uns *Verluste von Forschern*, darunter solche großer Persönlichkeiten gebracht, die wir schmerzlich empfinden. Es ist unmöglich, daß wir *namentlich* der vielen Toten gedenken, unter denen so mancher ein schweres Schicksal zuvor tragen mußte, ehe er zur ewigen Ruhe kam. Wir denken an Max Planck, dessen geniale Leistung morgen vormittag noch besonders gewürdigt wird. Ich erinnere an Persönlichkeiten, die durch ihre organisatorische Kraft einzelnen Tagungen einen besonderen Schwung gegeben haben; so etwa an Friedrich von Müller, dessen Andenken in der jetzt von mir geleiteten Klinik und weit über München hinaus bis nach den Vereinigten Staaten noch sehr lebendig geblieben ist und von ähnlicher autoritärer Kraft, an den Freiburger Pathologen Ludwig Aschoff. Neben Friedrich von Müller denken wir an Romberg in seiner vornehmen Art mit seiner überragenden Fähigkeit, auch komplizierte klinische Probleme, wie etwa die des Kreislaufs, klar und umfassend zur Darstellung zu bringen.

Ihm ist es zu danken, daß alle Versuche, die Lungentuberkulose von der Inneren Klinik loszureißen, gescheitert sind.
Bleiben wir beim Münchener Kreis, so ist der jähe Verlust von Hans Fischer besonders zu beklagen, der in erstaunlicher Begabung die Stufen der Wandlung des Blutfarbstoffes zum Gallenfarbstoff chemisch erschlossen hat. Ich denke unter besonderem Nachdruck an den großen Fermentforscher Münchens, an Willstätter, der es richtig fand, sich in Verstimmung von seiner hiesigen Fakultät zu trennen. Nach allem, was wir später erlebt haben, hat er sehr vorzeitig das Wetterleuchten gesehen von einem heraufziehenden, gefährlichen, finsteren Gewitter, den unvorstellbar scheußlichen Auswirkungen des Hitler-Antisemitismus. Wir gedenken weiter unseres großen Münchener, ja deutschen Pharmakologen Walter Straub und greifen unter den vielen Namen, die erwähnt werden müßten, gerade noch Bavink heraus, der wenige Tage nach einem wundervollen Vortrag, den er in München gehalten hatte, plötzlich verschied. Wir haben ihm besonders zu danken, weil sein umfassendes Werk, „Ergebnisse und Probleme der Naturwissenschaften", der Gesellschaft Deutscher Naturforscher und Ärzte gewidmet ist. In seiner gründlichen Durcharbeitung der kausal-analytischen und final-synthetischen Betrachtungsweise könnte sein Buch, *wie ich persönlich meine*, endlich uns die Grundlage geben, daß wir nicht bei den weltanschaulichen Fragen aneinander vorbeireden und wie in zwei Lagern weltanschaulich gespalten bleiben.
Endlich nenne ich noch in der langen Liste der Verluste als einen frischen Verlust, dessen Lücke sich noch gar nicht geschlossen hat, meinen Freund Franz Volhard, der mit 78 Jahren seinem jugendlichen Temperament durch Autounfall zum Opfer gefallen ist. Seien wir froh, daß dieses Unglück, zu dem er nach seinem Temperament stets prädestiniert war, ihn so spät getroffen hat, nachdem er in die Klinik der Nierenkrankheiten ordnende Klarheit gebracht hat.
Darf ich Sie bitten, sich in Erinnerung an die großen schmerzlichen Verluste, die unsere Gesellschaft in 12 Jahren durch den Tod erlitten hat, sich von Ihren Plätzen zu erheben. — Ich danke Ihnen.
Wir wollen aber in Zusammenhang mit der Totenehrung auch daran denken, daß mancher große Forscher in einem irregeleiteten Deutschland nicht bleiben wollte und nicht bleiben konnte. Daß diese hervorragenden Männer nicht mehr unter uns weilen, empfinden wir auch als schmerzlichen Verlust, wenn wir ihnen auch von Herzen wünschen, daß sie, von ihrer neugewonnenen Heimat aus, ihre großen Gaben der Geisteskultur der Welt zur Verfügung stellen können.

Erinnerungen Dr. Jacob Nöggerath's, Oberbergrat und Prof. der Mineralogie in Bonn, an die 15. Versammlung in Prag 1837

(Aus: Ausflug nach Böhmen und die Versammlung der deutschen Naturforscher und Aerzte in Prag 1837. Aus dem Leben und der Wissenschaft von Dr. Jacob Nöggerath. Bonn. Weber 1838. 480 S.)

Den 17. Sept. Zwischen Kruschowitz und Turschan flaches Gebirge, Schächte zur Förderung von Braunkohlen neben der Straße. Stadt Schlaan, Felsen von Braunkohlensandstein. Letzte Station vor Prag Strzedokluk. Bei Sternberg vorbei zu dem Thore der Hauptstadt Böhmens.

Ein Offizier trat an unsern Wagen, verlangte freundlich die Pässe. Sie wurden ihm überreicht mit dem Bemerken, wir wären Naturforscher, die zur Versammlung reisten. Er brachte uns die Empfangscheine dafür zurück, da die Pässe bei der Polizei-Behörde deponirt werden mußten, und bemerkte dabei, daß nach seinen ihm behändigten Notizen für mich das Logis in dem Gasthofe „zu den drei Linden" bestimmt sey. Ich hatte nämlich früher den Grafen Sternberg gebeten, mir ein Quartier nahe bei dem Versammlungslokal und wenn thunlich in einem Gasthofe bestellen zu lassen. Die Nachricht war mir also sehr angenehm. Uebrigens fügte der Offizier hinzu: „die Mauthbeamten haben nicht das Recht Sie zu visitiren." Auch diese näherten sich nun dem Wagen, begnügten sich aber mit meiner Erklärung: „wir wären Naturforscher." So fuhren wir die schönen Straßen von der Höhe des Hradschin herunter durch die Kleinseite, welches uns einen herrlichen ersten Ueberblick über die große Stadt gewährte, über die majestätische Moldau-Brücke durch die Altstadt auf den Graben zu den „drei Linden", wo gute Zimmer für uns in Bereitschaft gehalten waren. Auch waren hier schon die gedruckten „Nachrichten für die Mitglieder der Gesellschaft deutscher Naturforscher und Aerzte bei ihrer Versammlung zu Prag im Jahr 1837" für uns deponirt.

Wir ersahen daraus, daß die Inscriptionen im Carolinum angenommen wurden, welches uns nahe lag, und nachdem wir uns physisch ein wenig von unsern Reisestrapazzen restaurirt hatten, eilten wir dahin. Das Carolinum bildet mit dem davon getrennten altstädter Jesuiten-Collegium oder Clementinum (wovon später) das große Lokal der Universität. Im Carolinum, in welchem alle Verhandlungen der Gesellschaft statt fanden, befinden sich blos die juristischen und medicinischen Hörsäle, das anatomische Theater, das chemische Laboratorium und ein Prüfungs-, Sitzungs- und Promotions-

Saal. Das Gebäude wurde schon vom König Wenzel im J. 1383 als Universitäts-Gebäude eingerichtet, allmählig aber durch Häuserankäufe erweitert.
Wir gingen zum Bureau. Das Vorzimmer war gedrängt voll von Naturforschern und Aerzten, die mit uns gleichen Zweck der Anmeldung theilten und ihn entweder schon erfüllt hatten oder noch erfüllen wollten. Da galt es denn natürlich, manchen Altbefreundeten zu begrüßen, ihm die Hand zu drücken und sich endlich in das zweite Zimmer hindurchzuarbeiten.
Der Präsident Graf Sternberg, mir seit vielen Jahren persönlich bekannt und wohlwollend zugethan, und von Krombholz, zweiter Vorsteher der Versammlung, waren hier anwesend und sie hatten sich, als nächste Aushülfe den Professor der medic. pharmaceut. Botanik Kosteletzky und außerdem noch mehrere andere Naturforscher und Aerzte aus Prag beigesellt, die alle bereit waren, jeder in seinem übernommenen Geschäfte, die Inscriptionen der Fremden zu besorgen, die Karten auszufertigen, gewünschte Auskunft zu ertheilen u. s. w. Man bot mir eine Privatwohnung an, die ich aber ausschlug, weil ich mich in meinem Gasthofe weniger genirt und anscheinend recht gut befand, was auch später der Erfolg bewies.
Nach recht freundlichem Empfange vom Grafen Sternberg, der die Gefälligkeit hatte, mich seinem Collegen vorzustellen, benachrichtigte mich ersterer, daß ich Morgen die Vorlesungen in der öffentlichen Sitzung mit dem Vortrage einer Abhandlung von meinem Collegen G. Bischof beginnen möchte. Ich hatte nämlich früher dem Grafen Sternberg geschrieben, daß und welche Abhandlung Professor Bischof vorzutragen wünschte, und da mein College wegen Unpäßlichkeit nicht mitreisen konnte, so hatte er mich gebeten, die Vorlesung seiner Abhandlung für ihn zu übernehmen. Ich erhielt meine Mitgliedskarte und schloß damit die Thätigkeit des vorbereitenden Tags der Versammlung.
Ich gebe Dir nur noch Kunde von Einigem, was die zuvor erwähnten gedruckten „Nachrichten“ enthielten, um Dich so vollkommener in unser beabsichtigtes Treiben einzuweihen. Es hieß darin unter andern:
„Die allgemeinen Versammlungen werden in dem großen Promotions-Saale des Carolinums und zwar am 18.,22. und 26. Sept. abgehalten; sie beginnen jedesmal um 11 Uhr und enden um 2 Uhr. Am Schlusse der ersten Versammlung verfügen sich die einzelnen Sektionen in die für sie eingerichteten Säle des Carolinums und wählen daselbst ihre Präsidenten so wie die Sekretäre, welchen letzteren zur Erleichterung ihrer Geschäfte und Mittheilung örtlicher Auskunft einheimische Mitglieder beigegeben werden sollen.“

„Vor der Hand theilt sich die ganze Versammlung in folgende sieben Sektionen: 1. Physik, Astronomie, Mathematik; 2. Chemie und Pharmacie; 3. Mineralogie, Geognosie, Geologie und Geographie; 4. Botanik; 5. Anatomie, Physiologie und Zoologie; 6. Heilkunde im ganzen Umfange, und 7. Agronomie, Pomologie, Technologie, Mechanik."

„Die Sektions-Sitzungen können um jede beliebige Stunde, deren Festsetzung den Sektions-Mitgliedern überlassen bleibt, beginnen, und an den Tagen, wo keine allgemeinen Versammlungen statt finden, auch bis zur Speisestunde fortgesetzt werden, müssen jedoch an den Tagen allgemeiner Versammlungen vor 11 Uhr endigen. Damit es aber den Mitgliedern möglich sey, an demselben Tage an zwei, drei oder mehrern Sektionen Theil nehmen zu können, erscheint es wünschenswerth, daß sich die Herren Sektions-Präsidenten über die zu wählenden Stunden gegenseitig ins Einvernehmen setzen. Das nachfolgende Schema wird den Mitgliedern gestatten, fast bei allen Sectionen, wenigstens während der halben Zeit ihrer Dauer anwesend seyn zu können. Eine Sektion von 7—9 Uhr, eine zweite von 8—10 Uhr, die dritte von 9—11 Uhr, die vierte von 10—12 Uhr, die fünfte von 11—1 Uhr, die sechste und siebente von 12—2 Uhr (wozu sich ganz vorzüglich wegen der geringen Beziehung zu einander die Sektion für Medicin so wie jene für Agronomie und Technologie eigenen dürften)."

„Das gemeinschaftliche Mittagsmahl wird vom 18. bis 26. September in dem großen Saale auf der Färberinsel um $2^1/_2$ Uhr statt finden. Das Couvert kostet 1 Flor. 10 Kr. C.M. Die Wahl des Platzes an der Tafel bleibt jedem Mitgliede überlassen, doch werden an jedem Tische einheimische Mitglieder ihre bestimmten Plätze haben, um die Bewirthung besser leiten zu können. Sämmtliche Mitglieder werden ersucht, an dieser Mittagstafel Theil zu nehmen, während der Dauer der Versammlung keiner andern Privateinladung zu folgen und überhaupt ihre Gegenwart der Gesellschaft nicht zu entziehen."

Ferner war noch bemerkt, daß Toaste nur von den Geschäftsleitern ausgebracht und veranlaßt würden, daß auch für abendliche Zusammenkünfte auf der Färberinsel gesorgt sey; dann waren die Zeiten angegeben, wo die wissenschaftlichen und Kunstsammlungen oder sonstige Anstalten Prags besucht werden könnten. Als solche waren genannt: die K.K. Universitäts-Bibliothek, die Bibliothek des Prämonstratenser-Stifts Strahow, das vaterländische Museum, die Gemälde-Sammlung der patriotischen Kunstfreunde, die Gemälde-Sammlung des Grafen Erwin Nostitz, das anatomische Museum, das zoologische Kabinet, das mineralogische Kabinet, der botanische Garten, das che-

mische Laboratorium, das physikalische Kabinet, die Sternwarte, die Kabinette des polytechnischen Instituts, das allgemeine Krankenhaus, die Irrenanstalt, die Entbindungsanstalt, das Siechenhaus, das Spital der Elisabetherinnen, das Spital der barmherzigen Brüder, das Taubstummen-Institut, das Waisenhaus, das italienische Waisenhaus, das Armenhaus, das Blinden-Institut, die Beschäftigungsanstalt für Blinde, die fünf Kleinkinderbewahr-Anstalten, die Sammlungen des Vereins zur Ermunterung des Gewerbgeistes, die Anstalt zur Unterstützung und Beförderung weiblicher Kunstfertigkeit, das Provinzial-Strafhaus und das Correktionshaus.
Auch war eine Nachricht beigefügt über die Benutzung der Miethwagen in und um Prag und über die wegen billiger Preise deshalb mit den Besitzern getroffenen Arrangements.

Zehnter Brief

Erste allgemeine Sitzung der Naturforscher und Aerzte. – Einrichtung des Sitzungs-Saales. – Frequenz der Sektionen. – Die Mitglieder. – Die Vorsteher. – Ihre Persönlichkeit. – Die Sitzung selbst. – Präsidenten und Sekretarien der Sektionen. – Die Färberinsel. – Mittagstafel. – Abends-Reunionen.

Den 18. September stellte ich mich zur gehörigen Zeit in dem großen Promotions-Saale des Carolinums zur ersten allgemeinen Sitzung ein. Der Saal ist sehr zu einer solchen großen Versammlung geeignet. Im Vorgrunde befand sich eine um wenige Stufen erhöhte Bühne, auf welcher in der Mitte der Tisch der Vorsteher und der hülfeleistenden Sekretarien stand. Hinter diesem war der noch etwas höhere Sitz des jedesmaligen Sprechers. Auf jener Estrade zu beiden Seiten des Vorsteher-Tisches befanden sich mehrere Reihen Sessel, nach jenem Tische hingerichtet, welche von dem Oberstburggrafen von Böhmen, Grafen Chotek, dem hohen Adel, von Geistlichen und Militärpersonen höheren Ranges und von den übrigen eingeladenen Chefs der Landes-Behörden eingenommen wurden. Sie hatten eben den Landtag beendigt, wie sie sich zu uns verfügten. Es ist mir leid, Dir die anwesenden ausgezeichnetern Personen nicht nennen zu können. Die Männer unserer Gilde beschäftigten mich zu sehr, um außerhalb derselben noch viele Personen kennen zu lernen. Für die Mitglieder war die Mitte mit Einschluß der auf beiden Seiten des langen Saales befindlichen erhöhten Sperrsitze (die Stalla) bestimmt. Die Sitze waren reihenweise geordnet.
Jeder konnte seinen Sitz nach belieben wählen. Es hat dieses zwar in mancher Beziehung sein Angenehmes, aber es erleichtert das Bekanntwerden der Mitglieder unter-

einander nicht so sehr, wie die bei vielen frühern Versammlungen bestandene Einrichtung, daß jeder seinen bestimmten, numerirten Sitz erhielt und die Nummern dieser Sitze derjenigen der gedruckt ausgegebenen Namensverzeichnisse der Mitglieder entsprachen. Den Vorstehern war aber durch die Prager Einrichtung das fatale Geschäft des Rangirens der Mitglieder abgenommen, und man wird die belassene Freiheit in jener Beziehung sogar mit Dank erkennen müssen.

Im hintern Raume des Saales und auf einer am Ende desselben noch errichteten Tribüne nahmen die übrigen Theilnehmer an der Versammlung Platz, denen zu jeder Sitzung eigene Eintrittskarten ertheilt wurden. Die obern Gallerien, im Hintergrunde des Saales, wurden ausschließlich von einem schönen Kranz von Damen eingenommen.

Bei Eröffnung der Sitzung war der Saal in allen seinen verschiedenen Räumen mit Köpfen erfüllt. Zwei Dinge hatten es vermuthen lassen, daß die Zusammenkunft in Prag nicht sehr zahlreich ausfallen würde, nämlich das falsche Gerücht, welches etwa 14 Tage vor derselben in allen deutschen Blättern wiederhallte, daß in Prag die Cholera ausgebrochen sey, und dann das gleichzeitig stattgefundene Jubelfest der Universität Göttingen. Ohne diese Dazwischenkunft wäre allerdings die Versammlung in Prag noch viel zahlreicher gewesen, denn wirklich mußte man einige wichtige Männer vermissen, die dem ehrwürdigen und freundlichen Rufe nach Göttingen gefolgt waren, und hin und wieder hatte auch das ungegründete Cholera-Gerücht der Frequenz geschadet, da die Widerlegung desselben an manchen Orten zu spät eingetroffen ist: indeß wiesen die während der Versammlung ausgegebenen gedruckten Verzeichnisse doch 373 wirkliche Mitglieder nach. Es ist diese Zahl um so bedeutender, als dem Vernehmen nach die Vorsteher ziemlich strenge nach Anhalten der Statuten mit der Ausgabe der eigentlichen Mitglieder-Karte gewesen seyn sollen.

Nach einer Uebersicht, die ich später von dem zweiten Vorsteher von Krombholz erhielt, hatten sich die wirklichen Mitglieder nach folgenden Zahlen auf die verschiedenen sich gebildeten Sektionen vertheilt:

1. Physik, Chemie und Mathematik	88
2. Pharmacie	10
3. Mineralogie, Geognosie, Geologie und Geographie	72
4. Botanik	55
5. Anatomie, Physiologie und Zoologie	61
6. Heilkunde	120
7. Agronomie, Pomologie, Technologie und Mechanik	61

Ich möchte Dir gerne aus den gedruckten Verzeichnissen die namhaftesten Mitglieder nennen: aber das ist aus meinem einseitigen Standpunkte eine gewagte Sache. Ich mache indeß doch den Versuch, — hörst Du aber, daß noch andere von mir nicht genannte, in der Wissenschaft bedeutende Männer in Prag waren, so bedenke gewissenhaft zu meiner Entschuldigung, daß die folgende, ordnungslose Aushebung auch wirklich nichts als ein Versuch seyn sollte. Die in Prag wohnenden Mitglieder nenne ich gar nicht, da wohl vorauszusetzen ist, daß alle wirklich dazu berufenen Männer aus der Stadt an der Versammlung Theil genommen haben. .. .. ..

Es ist eine bedenkliche Sache Personen zu charakterisiren, und ich sollte Dir doch wenigstens Einiges über unsere beiden Vorsteher sagen. Es fehlt mir zum Biographen das Talent und hier auch größtentheils das Material. Dieses würde jedem Böhmen, der irgend auf Bildung Anspruch machen kann, aus der täglichen Erinnerung besser zu Gebote stehen wie mir. Nimm also mit den nachfolgenden Bruchstücken vorlieb.

Graf Kaspar Sternberg-Serowitz, Herr der Herrschaft Radnitz und Dorowa in Böhmen, Lehnsherr der Stadt und Herrschaft Lieberosa, der Güter Starko, Lesko und Reicherskreutz in der Lausitz, K. österr. Geh. Rath. säcularis. Domherr in Regensburg und Freysing, Kommandeur des K. K. Leopoldsorden, Präsident des vaterländ. Museums in Böhmen und der K. K. patriotisch-ökonomischen Gesellschaft, Protektor und Präsident der Prager Humanitäts-Gesellschaft, Mitglied vieler in- und ausländischen gelehrten Gesellschaften und Vereine, ist am 6. Januar 1761 geboren. Nach Chronik und Sage stammen die Sternberge von Jaroslaw, dem Böhmen, der im XIII. Jahrhundert bei Olmütz Europa von den Gräueln mongolischer Zwingherrschaft befreite. Der König verlieh ihm dafür die Burg Sternberg in dem durch ihn geretteten Lande und setzte ihn als ersten Landeshauptmann ein, den er mit dem Herzogshute schmückte.

Unser Präsident ist also schon ganz nahe 77 Jahre alt, aber dabei noch ein nicht blos geistig, sondern auch körperlich kräftiger Mann. Er ist von hoher Statur, einer recht edlen Haltung, zu welcher seine etwas große gebogene Nase gut paßt. Der Ausdruck von Wohlwollen und Freundlichkeit spricht sich in seiner Gesichtsbildung angenehm aus. Einige Taubheit, an der er lange leidet, ist so groß nicht, daß sie ihn irgend in der Conversation stören könnte. Alles Wissenschaftliche, vorzüglich aber auf Naturwissenschaften in ihrem ganzen Umfange und insbesondere auf Botanik und Geologie Bezügliches, regt ihn gewaltig an, und wenn von solchen Dingen die Rede ist, so gewinnt seine Sprache eine Kraft, die man auch nicht entfernt einem Greise zutrauen möchte. Es wohnt in ihm eine große Thätigkeit nicht blos des Geistes, sondern auch des Körpers. Ein hehrer Patriotismus stellt ihn unter seinen Landsleuten besonders hoch, und um die Wissenschaften im Vaterlande zu fördern, ist ihm nicht leicht ein Opfer zu groß. Selbst pekuniäre von großer Bedeutung, bringt er zu solchem Zweck gerne, ohne daß er gerade zu den allerreichsten Männern des Landes gehören soll. Zahlreiche hervorstechende Zeugnisse davon gibt die Geschichte des jugendlichen aber bereits großartigen vaterländischen Museums von Böhmen. Einen nicht ganz unbelangvollen Beweis habe ich Dir bereits in den kostspieligen bergmännischen Arbeiten genannt, welche er am Kammerbühl bei Eger zur geognostischen Aufklärung desselben hat ausführen lassen. Diese Anführung, der ich noch recht zahlreiche beifügen könnte, begleite ich übrigens mit der früher beim Kammerbühl unerwähnt gelassenen Bemerkung, daß Graf Sternberg auch noch seine Ansichten über diesen Berg gelegentlich in einer Rede niedergelegt hat*).

Er genießt in Böhmen wie im Auslande, seiner Persönlichkeit wegen, die ausgezeichneteste Achtung und die Liebe aller derer, die ihn näher kennen. Für jede Verdienstlichkeit im Gebiete der Wissenschaft spricht er jeder Zeit, ohne irgend einen Rückhalt, seine Anerkennung unumwunden aus. Neid oder Scheelsucht ist seinem Charakter ganz fremd.

Um seine Denkweise wenigstens in einigen Beziehungen zu dokumentiren, will ich Dir nur die Antwort mittheilen, welche er gegen den Oberstburggrafen, Grafen von Chotek, aussprach, als dieser ihm am 14. April 1835, Namens der Mitglieder der Gesellschaft des vaterländischen Museums in Böhmen, die Bitte vortrug, nochmals die auf ihn gefallene Wahl als Präsident desselben anzunehmen**). Graf Sternberg erwiederte nämlich in seiner ihm eigenthümlichen Bescheidenheit: „Tief ergriffen von den von Sr. Excellenz ausgesprochenen Worten, erkenne ich mit inniger Rührung und mit regem Dankgefühle das mir wiederholt bewiesene Zutrauen der Herren Mitglieder, dem ich schon vor 6 Jahren entsprechen zu können kaum mehr die Hoffnung hegte. Im 75. Jahre seines Alters eine neue Verbindlichkeit auf 6 Jahre zu übernehmen, wäre Vermessenheit: doch dem Vaterlande seine Kräfte zu weihen, so lange Geist und Körper ihren Dienst nicht versagen, halte ich für Pflicht. Sollten die gewöhnlichen Begleiter hohen Alters mich daran verhindern, so werde ich der Erste seyn, es Ihnen anzuzeigen, und Sie zu bitten, einen kräftigern Vorstand an meiner Statt zu wählen.

---

*) Verh. der Gesellsch. des vaterl. Museums in Böhmen von 1837.
**) Die vorerwähnten Verh. von 1835.

Meine Vorliebe für diese Anstalt, meine Theilnahme an derselben, wird mich darum nicht weniger bis zu meinem letzten Lebenshauche begleiten."

Die schriftstellerischen Leistungen Graf Sternberg's brauche ich Dir wohl nicht zu nennen. Welcher Naturforscher kennt nicht seine herrlichen Arbeiten über die Flora der Vorwelt! Sie reihen sich würdig an die über die Saxifragen, die Asclepidiaceen, über die Pflanzenkunde Böhmens u. s.w., wobei auch seine Reise durch Tyrol und Italien Erwähnung verdient. Sein neuestes Werk, die Ausbeute sehr mühsamer Forschungen in Archiven und Bibliotheken, ist die Geschichte der böhmischen Bergwerke. Zahlreiche Aufsätze von ihm, in Zeitschriften und anderwärts mitgetheilt, sprechen eben so sehr für den stets rüstigen und mittheilenden Forscher.

Unser zweiter Vorsteher J. V. von Krombholz, ordentl. Professor der höhern Anatomie und Physiologie, Ausschußmitglied des vaterl. Museums, Mitglied vieler gelehrter Gesellschaften, ist ein kräftiger Mann in seinen besten Jahren. Ein freundliches, wohlwollendes Aeußere ist auch für ihn bezeichnend. Als gelehrter und praktischer Arzt genießt er eine große Reputation.

Seine schriftstellerischen Arbeiten im medicinischen Fache, welche von Bedeutung seyn sollen, muß ich hier, als mir nicht nahe genug stehend, unberührt lassen. Durch sein großes prachtvolles Kupferwerk über die Pilze hat er sich ein bedeutendes Verdienst auf dem Felde eines weniger cultivirten Theils der Botanik erworben. Abgesehen davon, daß wir durch ihn vortreffliche Abbildungen und Beschreibungen bekannter Pilz-Gattungen und Arten erhalten, so hat er diese auch bedeutend bereichert, wofür Böhmen gerade einen recht ergiebigen Boden darbietet. Das bereits von mir erwähnte „topographische Taschenbuch von Prag zunächst für Naturforscher und Aerzte" bearbeitete er, unter Beihülfe anderer wackerer Gelehrten Prags, um uns — oder wie er selbst in der Vorrede sagt, „unsere verehrten Gäste mit Prag, seinen Verhältnissen und Einrichtungen näher bekannt zu machen." Es wurde prachtvoll mit einer schönen Ansicht der Kleinseite und einer Karte der Umgebungen Prags lediglich für die Mitglieder unserer Gesellschaft gedruckt und jedem von uns ein Exemplar davon zum Geschenke gemacht. Hin und wieder werde ich in meinen Briefen an Dich von diesem schönen Andenken Gebrauch machen, da ich eine bessere Quelle für manche Verhältnisse in der That nicht zu finden weiß.

Doch nunmehr gehe ich zur ersten Sitzung selbst über.

Der Präsident Graf Sternberg begrüßte zuerst in trefflicher Rede die zahlreich anwesenden Naturforscher und Aerzte aus allen Gauen Deutschlands und vielen entferntern

Ländern, und knüpfte daran eine Uebersicht dessen, was in Böhmen vom Mittelalter ab für die Naturwissenschaften geleistet worden ist.
Der zweite Geschäftsführer, Prof. von Krombholz, verlas hierauf in üblicher Weise die Statuten. Da diese kurz und einfach sind, was wohl mit Grund ist, daß sie so langen Bestand behalten haben.

Elfter Brief

Die Sektionen. – Stunden-Collisionen derselben. – Chemisches Laboratorium. – Anatomische Lehranstalt. – Vaterländisches Museum Böhmens. – Comite für wissenschaftliche Pflege der böhmischen Sprache. – K. böhmische Gesellschaft der Wissenschaften. – K. K. patriotisch-ökonomische Gesellschaft. – Gesellschaft patriotischer Kunstfreunde. – Musikalische Abend-Gesellschaft des Oberstburggrafen. – Sinn und Talent der Böhmen für Musik. – Conservatorium der Musik. – Orgelschule. – Musikalische Akademie und Concerte. – Böhmische Pilze. – Von Krombholz's Werk darüber.

Am 19. Sept. nahm ich also in dem dafür bestimmten Lokale meine Präsidenten-Stelle ein, und ganz besonders erfreulich war es mir, recht bald auch die inzwischen angekommenen sehr werthvollen Mitglieder L. von Buch und Elie de Beaumont hier begrüßen zu können. Ich eröffnete die Sitzung mit einer kurzen Anrede, worin ich die auf mich gefallene Wahl des Vorsitzenden dankbar anerkannte und ließ die Vorträge beginnen.
Ueber diese selbst sage ich Dir vorläufig nichts, weil ich es angemessener halte, Dir später bei dem Schlusse meines Referats über die Prager Versammlung eine Uebersicht der Vorträge in allen Sektionen zusammen vorzulegen.
Den Vorträgen meiner eigenen Sektion habe ich ohne Ausnahme selbst beigewohnt, aber eben darum war es mir nur noch möglich, in einigen andern Sektionen sehr vereinzelte Bruchstücke der Verhandlungen anhören zu können. Die Zeit, welche für unsere Sektion gestellt war, konnte, wie sich bald ergab, für die zahlreichen Verhandlungen nicht ausreichen, und deshalb dauerten ihre Sitzungen, an den Tagen, wo keine allgemeinen Sitzungen Statt fanden, meist bis 12 oder gar bis 1 Uhr. In andern Sektionen ging es eben so. Daher wurde die Absicht nicht erreicht, welche die Vorsteher im Auge hatten, um nach Möglichkeit Collisionen der Zeit für die verschiedenen Sektionen zu vermeiden, die Stunden so verschieden wie möglich vorzuschlagen.
Wenn sich die Arbeiten bei den Naturforscher-Versammlungen in den Sektionen, was doch immer die Hauptsache bleiben wird, ferner so häufen, wie es in Prag der Fall war, so wird in Zukunft wohl kaum ein Mitglied, welches die ihn am meisten interessirende

Sektion durchaus fleißig besuchen will, im Stande seyn, noch irgend an den Vorträgen einer andern Sektion Theil zu nehmen.

Das ist freilich ein fataler Uebelstand, dem nicht gut abzuhelfen seyn möchte. Denn wollte man die jährlichen Versammlungen länger dauren lassen, so würden viele Mitglieder, die durch andere Berufsgeschäfte oder Hindernisse, welcher Art sie seyn mögen, in ihrer Zeit beschränkt sind, die oft nur mit Mühe die jetzt erforderlichen acht Tage gewinnen können, in die Unmöglichkeit versetzt werden, ferner Theil nehmen zu können. Von der andern Seite ist es aber auch nicht zu läugnen, daß von Zeit zu Zeit Vorträge vorkommen, welche besser nicht gehalten würden, und daß es gut seyn könnte, die Vorträge zu beschränken und sie zu diesem Zwecke vorher einer Censur zu unterwerfen. Einer solchen, wobei übrigens aus Mangel an Zeit nur sehr summarisch verfahren werden könnte, würde sich indeß nicht leicht jemand unterwerfen wollen, noch weniger aber würden sich die Sektions-Präsidenten einer Sichtung und eventuellen Zurückweisung von Vorträgen unterziehen mögen. Dabei kömmt noch in Betracht, daß viele, zuweilen die interessantesten Vorträge augenblicklich, durch zufällige Anregungen hervorgerufen werden, also gar nicht geschrieben vorgelegt werden können, wie es denn überhaupt manche Mitglieder vorziehen, ihre Entdeckungen in freiem Vortrage zur Sprache zu bringen, ohne irgend etwas Geschriebenes zur Hand zu haben, und hierauf ließe sich die Censur also auch nicht anwenden. Ueberhaupt aber ist die große Freiheit der Mitglieder, daß jeder seine wissenschaftliche Ansicht ungehindert vortragen kann, das köstlichste Palladium der Gesellschaft, welches irgend zu verletzen oder zu beschränken, sie selbst in ihrem Geiste und nach und nach gar in ihrem faktischen Bestande aufheben hieß.

Einigermaßen läßt sich dadurch die Wahl der Vorträge, die jedes Mitglied gerne hören mag, bei der Gleichzeitigkeit der Sektions-Verhandlungen erleichtern, daß jeden Morgen oder Abends vorher während der ganzen Versammlungszeit durch Anschlag angekündigt wird, was an demselben Tage in jeder Sektion vorgenommen werden soll. Es läßt sich diese Einrichtung ohne große Hindernisse treffen, und in Prag sind wenigstens bei einigen Sektionen des Morgens frühe die angemeldeten, am Tage vorzunehmenden Vorträge an den Thüren der Sektions-Zimmer angeschlagen gewesen. Dieser Maaßregel könnte mehr Allgemeinheit gegeben werden. Es hinge nur von den Sektions-Präsidenten ab, sie durchzuführen, was für die Zukunft sehr angenehm seyn würde und nach meiner Ansicht das einzige Mittel wäre, dem gerügten Uebelstande ohne anderweitige Beschränkungen thunlichst zu begegnen.

Zwölfter Brief

Zweite öffentliche allgemeine Sitzung. – Die Verhandlungen derselben. – Medaille auf die Versammlung. – Einladungen. – Wahl des Orts zur nächsten Versammlung. – Nord- und Süd-Deutschland. – Die Wahl der Vorsteher. – Vorträge. – Gedichte. – Der Arzneiwaarenhändler Batka. – Abendunterhaltungen. – Beilage: Prag an die deutschen Naturforscher und Aerzte, im Jahr 1837, von Prof. Mikan.

Die zweite öffentliche Sitzung am 22. September eröffnete unser Präsident mit einer Einladung Namens des Herrn Oberstburggrafen, Grafen v. Chotek, an alle Mitglieder zu einem Mittagsmahle auf der K. K. Burg Hradschin, welches Se. Maj. der Kaiser den Naturforschern und Aerzten am 24. Sept. sammt den Frauen und erwachsenen Töchtern geben würde. (Schon früher war eine Einladung an sämmtliche Mitglieder zu einem Balle auf der Färberinsel von der Kaufmannschaft der Stadt für denselben Tag ergangen.) Dann kündigte der Präsident an, daß die Stadt auf die Anwesenheit der Gesellschaft eine Medaille habe prägen lassen, welche von jedem Mitgliede am 23. Sept. auf dem Geschäftsbureau in Empfang genommen werden könne.

Derselbe benachrichtigte weiter, daß heute die Wahl des Orts der künftigjährigen Versammlung vorgenommen werden solle und brachte die drei Städte: Freiburg, Erlangen und Rostock, dazu in Vorschlag, bemerkte aber dabei, daß, den Statuten zufolge, die zu wählende Stadt im Norden Deutschlands liegen müsse. Es wurden drei Briefe verlesen, der erste von der physikalisch-medicinischen Gesellschaft zu Erlangen, der zweite vom Prof. Leukart in Freiburg und der dritte von Prof. Röppert in Rostock; jeder derselben bevorwortete die Wahl seiner Stadt. Der Brief von Leukart, ohne alle officielle Form an den Grafen Sternberg privatim gerichtet, sprach durch Originalität und Laune sehr an.

Prof. Leupold aus Erlangen spricht näher für diese Stadt: Erlangen liege in der Mitte von Deutschland, sey allen Mitgliedern gleich zugänglich, das merkwürdige Nürnberg wäre in der Nähe, die freilich kleine Eisenbahn zwischen Fürth und Nürnberg habe auch für Viele ihr Anziehendes; dann biete auch die fränkische Schweiz mit ihren interessanten Höhlen von Muggendorf des Sehens- so wie des Untersuchungswerthen in Fülle dar, das Fichtelgebirge, Bamberg und die schönen Petrefakten-Sammlungen zu Banz und zu Bayreuth kämen gleichfalls in Betracht, die Universität biete auch vielfache nützliche Berührungen dar u.s.w. Prof. Löwig aus Zürich sprach für Freiburg: diese Stadt sey bereits so oftmals in der Wahl gewesen; gerühmt wurde die schöne Gegend, nicht eine kleine, sondern die große Schweiz sey in der Nähe;

Oken, der Begründer der Gesellschaft, würde sich glücklich fühlen, wenn Freiburg, die Nähe seines Geburtsorts und die Universität seiner Jugend, gewählt würde. Mein Bonner College Geh. Hofr. Prof. Harleß erhob sich für Erlangen: er rühmte die dortigen Museen, den botanischen Garten, die klinischen Anstalten, die Mitte Deutschlands u.s.w. Es sollte zum Abstimmen durch Aufstehen geschritten werden. Ich bemerkte, daß so kein reines Resultat erhalten werden könne, theils weil nicht alle Anwesenden stimmfähig wären, auch das Uebersehen der Stimmenden schwierig sey, endlich es sich nicht bloß von einer Alternative zwischen zwei Städten handle, sondern deren drei in der Wahl ständen; ich trug daher auf *Appel nominal* an, wie sie in Stuttgart erfolgvoll durchgeführt sey. Geh. Med. Rath Wendt aus Breslau sagte: „Die Herren haben gehört, daß sie Oken sehen sollen!“ Zahlreiche Stimmen rufen laut: Freiburg, andere Erlangen. Es wurde erklärt, daß dieses keine Abstimmung sey und endlich ward durch Verlesen aller einzelnen Namen, welches ich übernahm, zur förmlichen Wahl geschritten. Jeder, der sich eine Wahlstimme aneignen konnte, nannte die Stadt, der er die Ehre der nächsten Zusammenkunft zudachte. Ich stehe nicht dafür, daß ich alle die böhmischen, ungarischen und polnischen Namen der Anwesenden richtig gelesen habe. Die Sache hatte für mich ihre besonderen Schwierigkeiten. Von den anwesenden stimmfähigen Mitgliedern (Schriftstellern im naturwissenschaftlichen und medicinischen Fache) stimmten 126 für Freiburg, 85 für Erlangen und 9 für Rostock. Ich machte das Resultat bekannt. Geh. Rath Beck und Prof. Leukart wurden nach kurzen Debatten zu Vorstehern für das nächste Jahr durch Acclamation gewählt.

Durch die auf Freiburg gefallene Wahl ist nun abermals die statutarische Bestimmung, daß die Versammlungen zwischen Nord- und Süd-Deutschland wechseln sollen, faktisch aufgehoben, was auch der Präsident bemerkte, doch eher billigend als tadelnd, indem er seine Freude darüber ausdrückte, daß unter den Naturforschern Deutschlands keine geographische Trennung mehr bestehe; Nord und Süd, Ost und West alles eins geworden sey. So bedarf es also auch nicht mehr, der sich manches Jahr hindurch bei der Versammlung von Einigen in großem Ernste, von Andern in Spaß und Laune fortgesponennen Debatten über die wahre Grenze zwischen Nord- und Süd-Deutschland, worüber ein witziger Kopf einmal meinte, Süd-Deutschland wäre überall, wo man den Wein aus großen Gläsern trinke, Nord-Deutschland aber da, wo man dafür sich nur der kleinen Gläser bediene. Dadurch würde nun Bonn in Süd-Deutschland, Erlangen aber in Nord-Deutschland fallen.

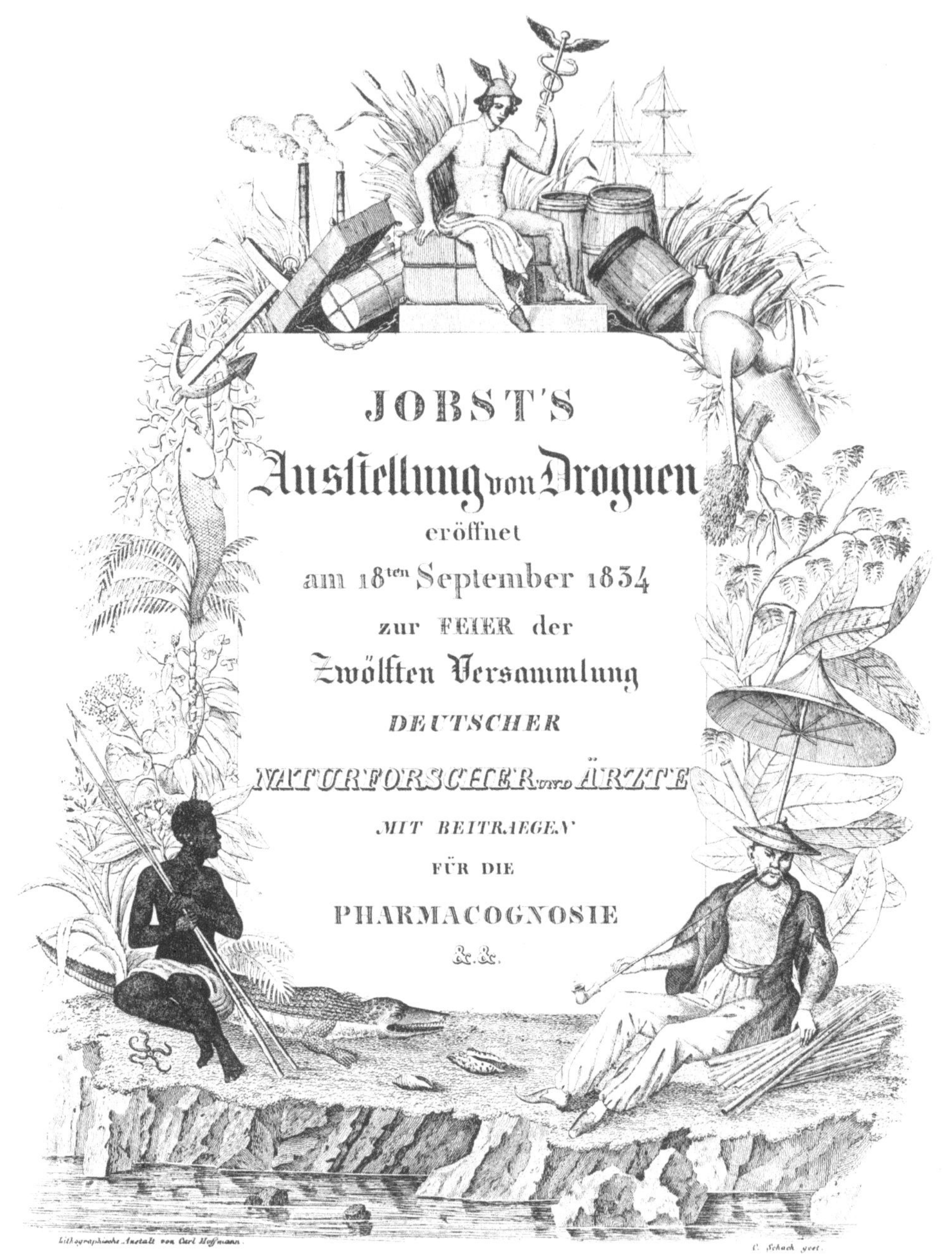

Titelblatt einer Gelegenheitsschrift, für eine Ausstellung von Drogen werbend, anläßlich der 12. Versammlung in Stuttgart 1834.

Ob die Wahl des Versammlungsorts auf diesen oder jenen Theil von Deutschland sich beziehen soll, läßt sich auch in der That statutenmäßig nicht gut mehr im Voraus bestimmen, nachdem schon eine große Reihe dafür geeigneter Städte in Deutschland verbraucht worden sind. Es hängt die zu treffende Bestimmung mehr von Umständen ab. Ob der Wunsch von einer Stadt angedeutet oder ausgesprochen wird, die Gesellschaft bei sich zu sehen; ob dieselbe sich überhaupt für die Versammlung eigene durch naturhistorische und medicinische Anstalten, durch ihre Umgegend u. s. w., ob darin Personen vorhanden sind, welche sich zu Vorstehern eigenen und sich für die Sache interessiren; ob die in zwei aufeinanderfolgenden Jahren zu wählenden Städte einander nicht zu nahe liegen: alles dieses und noch manches andere, was von Zeiten und Stimmungen abhängig ist, kommt dabei in Betracht.

Was die Wahl der Vorsteher, insbesondere des Präsidenten, betrifft, so hat die Gesellschaft zu Präsidenten noch immer Männer erkiesen, die sich durch bedeutsame wissenschaftliche Leistungen oder durch ein regsames Interesse für das scientifische Wirken ausgezeichnet hatten. Ich nenne Dir die Reihe der bisherigen Präsidenten zum Beweise: Schwägrichen, Sprengel, d'Outrepont, Neuburg, Seiler, Döllinger, von Humboldt, Tiedemann, Bartels, von Jacquin, Wendt, von Kielmeyer, Harleß, Kieser und Graf Sternberg.

Ebenfalls manche bedeutende wissenschaftliche Namen befinden sich in der Reihe der zweiten Vorsteher, obgleich bei diesem Amte immer vorzüglich auch auf ein lebensgewandtes, thätiges, junges und in seiner Stadt in vielfachen äußern Berührungen günstig und einflußreich stehendes Mitglied Rücksicht genommen werden muß. Ich erwähne dieses Alles, um auf den Contrast zwischen unserer deutschen Gesellschaft der Naturforscher und Aerzte und der *British Association* in dieser Beziehung hinzudeuten, da bei der letzten in Newcastle nach der Wahl der Präsidenten für 1838 sich mehrere Mitglieder beklagten, daß man dabei mehr Debretts Werk über die Mitglieder der Pairskammer im Auge gehabt habe, als wissenschaftliche Verdienste.

Beilage

Prag an die deutschen Naturforscher und Aerzte. Im Jahr 1837

Willkommen hier zum schönsten aller Feste,
Cybele's und Hygiea's Priester-Schaar!
Prag feiert beim Erscheinen solcher Gäste
Ein lang ersehntes, freudenvolles Jahr.

Es breitet Böhmen freudig seine Gaben
Vor Euern tiefen Kennerblicken aus;
Beschaut, beurtheilt Alles, was wir haben,
Und nehmt davon ein freundlich Bild nach Haus.

Den Freund der Flora wird die Flor entzücken,
Wie sie sich zeigt in selt'ner Farbenpracht
Auf der Sudeten wolkennahem Rücken,
Der rings die Berge riesig überwacht;

Und wo in tiefen, wild verwachsnen Gründen,
Durch Felsentrümmer aus der Erde Schooß',
Die Elb' und Iser fluthenreich sich winden,
Da wuchern Pilze, Farrenkraut und Moos.

Und wessen Geist durch Wein sich läßt beflügeln,
Wem Frohsinn er für trübe Stunden schafft,
Dem reift auf Czernosek's, auf Melnik's Hügeln
Der edlen Rebe labungsreicher Saft.

Doch Form und Farbenschmuck herrscht auch im
Wo niemals hin die liebe Sonne blickt, [Dunkeln,
Wo das Metallreich durch sein lockend Funkeln
Den zu Verweg'nen in Gefahr verstrickt.

Von oben, wo die Blüthenwelt ihm lachte,
Führt zu den Gnomen ihn sein muth'ger Sinn;
Hier holt er aus dem tief getrieb'nen Schachte
Sich Silber, Blei, dort Eisen und da Zinn.

Und seine Königskrone schmücket Böhmen
Mit Edelsteinen aus dem eignen Schooß;
Dem Fels entrissen von den wilden Strömen,
Bedarf es oft des äms'gen Suchens bloß.

Auch Gold errang sich Böhmen einst als Beute,
Vom Berggeist, der – vergönnend den Gewinn –
Mit neu erwachten Hoffnungen noch heute
Belebt des fleiß'gen Bergmann's kühnen Sinn.

Die Moldau, die vom Böhmerwald 'sich senket,
Wo noch der Bär aus ihren Quellen trinkt,
Die leck're Gaumen mit dem Lachs beschenket,
Birgt Muscheln auch, woraus die Perle winkt.

Doch Schätze von weit höherm Werthe quellen
Aus nie erforschten Tiefen hier empor,
Genesung bringend sprudeln ihre Wellen
Da heiß, dort kalt, an's Tageslicht hervor.

Wie fühlt sich, ach, so arm! der reichste Kranke,
Zeigt sich als Schmerzensziel ihm nur das Grab,
Ein Hoffnungsfünkchen schon entflammt zum Danke –
Zum muth'gen Greifen nach dem Wanderstab'.

Aus weiter Ferne kommt er hergezogen,
Vertrauend naht er sich dem Segens-Ort',
Und sieh', sein Hoffen hat ihn nicht betrogen,
Mit Dankgebet' und Jubel zieht er fort.

Nicht kümmern ihn die Kräfte, deren Walten
Geheimnißvoll die Wunderquellen schuf,
Wenn ihre Heilungsmacht sie nur entfalten,
Genügt es ihm, zu künden ihren Ruf.

Den Forscher aber drängt es, abzuringen
Der räthselhaften Sphinx der Deutung Wort,
Und kann er auch nicht in das Inn're dringen,
So baut er doch auf kühnen Schlüssen fort.

Wo hier Neptun sich und Vulkan bekämpften,
Bald zeugend, bald verderbend eine Welt,
Wo Wasserfluthen Feuermeere dämpften,
Da sind noch Kampfeszeugen aufgestellt.

Die Häupter heben sich, als Siegesmale,
Vom Kammerbühl' bis zum Biliner Stein,
Als Thermen laden sie, im Egerthale
Und dem der Biela, Euch zur Forschung ein.

Und Reste von längst ausgestorbnen Thieren,
Wie nur die Vorwelt lebend sie gekannt, –
Von Pflanzen, die noch Blatt und Blüthe zieren,
(Nicht von Linné und Buffon noch benannt),

Sie, die Jahrtausende verborgen lagen,
Hat hier, zum Theil' enträthselt schon als Art,
Aus grauer Vorzeit bis zu unsern Tagen
Dem Forscher die Natur selbst aufbewahrt.

Was alle Welten schuf, die ringsum prangen,
Und durch dieselbe Schöpfungskraft erhält,
Was zu erkennen sehnlichst wir verlangen,
Ist ew'ge Liebe, sie beseelt die Welt.

Auch unsern Kreis soll Liebe fest umschlingen,
Durch sie gewinnt erst Leben die Natur.
Zur Freude leih' uns Liebe jetzt die Schwingen,
Und scheiden möget Ihr in Liebe nur!

Dr. J. E. Mikan,
emeritirter Professor an der Prager
Universität

Dreizehnter Brief

Medaille für die Naturforscher und Aerzte der Versammlung. – Das Rathhaus. – Das Kaiserliche Gastmahl. – Der Hradschin. – Die K. Burg. – Die Domkirche zu St. Veit. – Prags Promenaden, der Volks- und der Baumgarten. – Ball der Kaufmannschaft. – Das Clementinum. – Die Universitäts-Bibliothek. – Mozarts-Comite. – Naturalien-Sammlung. – Physikalisches Kabinet. – Sternwarte. – Die medicinischen Anstalten.

Am 23. Sept. war des Morgens mein erster Gang auf das Naturforscher-Bureau, um die in meinem vorigen Briefe erwähnte Medaille in Empfang zu nehmen, welche die Stadtgemeinde, zum Zeichen ihrer Theilnahme an dem wissenschaftlichen Vereine, hatte prägen lassen. Ihre Hauptseite stellt den ältern Theil des Altstädter Rathhauses mit der Inschrift „CURIA“ dar, die Rückseite aber das gewöhnliche Sinnbild der Ewigkeit, den Schlangenring. Die Inschrift ist „PRAGA CONSORTII MEMOR.“ Die Umschrift „CONCIONI XV. NATUR. SCRUT. ET MEDIC. GERMANIAE MDCCCXXXVII.“

Der geschickte Graveur Lerch hat die Medaille verfertigt, die Prägung besorgte das Münzamt. Die Denkmünze ist sehr schön ausgefallen. Eine eigene schwarze Broncirung gibt ihr ein sehr fremdartiges Ansehen. Die Wahl des Gegenstandes der Darstellung auf derselben ist ein glücklicher Gedanke, da man an die Stelle des den Verhältnissen nicht mehr angemessenen Rathhauses ein viel größeres zu setzen beabsichtiget. Es wird also die Medaille nicht nur den Naturforschern und Aerzten ein Erinnerungs-Denkmal ihres Aufenthaltes seyn, sondern auch auf eine ungewöhnliche Weise ein Bild des interessanten, durch historische Erinnerungen geweihten Gebäudes bewahren.

Am 24. Sept. hatte das große Gastmahl im spanischen Saale der K. K. Hofburg statt, durch welches der Kaiser seine allerhöchste Freude über die Anwesenheit der Gesellschaft deutscher Naturforscher und Aerzte in seiner Hauptstadt Böhmens auszudrücken geruhte. Nebst den gesammten fremden und einheimischen Mitgliedern der Versammlung, und den Frauen und Töchtern der ersteren war auch eine bedeutende Anzahl von Personen des hohen Adels, der Geistlichkeit und Generalität, so wie viele der höheren Staats-Beamten zu diesem kaiserlichen mit Munifizenz ausgestatteten Festmahle eingeladen. Die sämmtlichen Gäste begaben sich zuvörderst in den deutschen Saal; an den Eingängen und auf den Coridors waren Wachen von den verschiedenen Bürgerkorps aufgestellt, welche sich durch ihre schönen Uniformen und gute militärische Haltung auszeichneten. Die Treppen und Gänge bedeckten Teppiche in den böhmischen Landesfarben, und zwischen den Fenstern erhoben sich im Schmuck des frischen

8*

Grüns, Gruppen von Orangen und mancherlei exotischen Pflanzen. Wie die ganze Gesellschaft versammelt war, öffneten sich die Pforten des spanischen Saales, wo vier reich servirte Tafeln die ganze Länge des grandiosen fürstlich und geschmackvoll decorirten Saales dahin liefen, die durch die fünfte, welche quer über die Breite stand, abgeschlossen wurden. An dieser letztern hatte der Oberstburggraf, Graf Chotek, als Stellvertreter des Kaisers, und der K. K. Geheime-Rath, Graf Sternberg, als Präsident der Versammlung den Vorsitz. Allgemeine Heiterkeit würzte das köstliche Mahl, gegen dessen Ende unser Präsident, das erste und gewichtigste „Lebehoch!" für die Person des Kaisers ausbrachte, worauf der Oberstburggraf zwei Trinksprüche für die fremden Naturforscher und Aerzte, als geehrte und liebe Gäste der uralten Hauptstadt Böhmens, dann insbesondere deren edlen Frauen ausgehen ließ. Geh. R. Wendt ließ die gesammten Böhmen hochleben, und Prof. Purkinje erhob die Stimme mit einem Toast für die Herren Erzherzoge des österreichischen Kaiserhauses. Zwei Toaste des Geh. M. R. Otto galten dem Oberstburggrafen, Grafen Chotek, dann dem Grafen Sternberg, dem Vorstande der Naturforscher-Versammlung, wie so mancher bleibenden Institution für Wissenschaft und Kunst, dem Ersten Mitschöpfer des böhmischen National-Museums und einer der höchsten Zierden der wissenschaftlichen Literatur nicht des Böhmerlandes allein, sondern des gesammten österreichischen Kaiserstaates. Diesen folgte das Wohl der Bürger Prags, so wie des gelehrten und geehrten Prof. von Krombholz, dessen Ruhm und Ruf im Auslande schon die vorjährige Wahl der Versammlung der Naturforscher beurkundete, von dem Geh. M. R. Lichtenstein ausgebracht, worauf Kammerr. Waitz der Prager und Geh. Hofr. Harleß der Wiener Universität ein „Lebehoch!" erschallen ließen. Auf dem hohen Musikchor des Saales hatte die Kapelle des Infanterie-Regiments Graf Latour unter der Leitung des Kapellmeisters Titl Platz genommen, und wurde von zahlreichen Zuschauern umgeben und verhüllt, so daß die Tondichtungen von Mozart, Weber und Meierbeer, die Tanzmusiken von Strauß und Lanner, Labitzky und Titl gleichsam von einem unsichtbaren Orchester herzukommen schienen.

Ich hatte die Ehre, der zufällige Nachbar einer recht interessanten Frau eines Naturforschers zu seyn, und mir waren dabei die Stunden des Diners so angenehm geschwunden, daß ich über dasselbe selbst — was Du auch nicht fordern möchtest — nur wenig spezielle Rechenschaft zu geben im Stande wäre.

Aber nicht blos von einem *bal champêtre* soll ich Dir erzählen, sondern auch von dem großen glänzenden Balle, den die Kaufmannschaft von Prag am 24. Sept. für uns, für die gesammten Naturforscher und Aerzte, auf der Färberinsel veranstaltete. Es war hier eine Elite von Frauen und Jungfrauen zu schauen, wie man sie selten in einer größern Stadt vereinigt finden wird. Der Czechen-Stamm spricht sich im Allgemeinen in schönen weiblichen Formen aus, die in den zierlichen Bewegungen des Tanzes besonders anschaulich wurden. Die Costüme der Damen waren höchst geschmackvoll, nicht überladen. Die Ausstattung in Musik und Dekorationen ließ nichts zu wünschen übrig und die Freundlichkeit der Frauen und Jungfrauen gab es ohne Schminke zu erkennen, daß ihnen die fremden Naturforscher und Aerzte willkommene Gäste waren. Alle gebildeten Stände hatte der Ball versammelt; das große Lokal war ganz erfüllt. Ich wohnte dem Balle nur ein paar Stunden bei, denn mir wird es zuletzt immer in solchen Fällen etwas drückend, daß die geringe Geschmeidigkeit meiner Glieder mir das Vergnügen des Tanzes abschneidet, während mein heiterer Sinn dasselbe in guten Stunden und in solcher Gesellschaft wohl noch gerne mitmachen möchte. Es ist weniger Eitelkeit, daß ich nicht tanze, als Folge der Furcht, den schlechten Tänzer einer Dame abzugeben, wofür sie einen guten hätte haben können.

Vierzehnter Brief

Abschieds-Deputation. – Allgemeine Schluß-Sitzung. – Beilage: die Abschiedsrede.

Am 26. Sept. war die allgemeine Schluß-Sitzung der Versammlung. Es hatte eine Deputation der Naturforscher und Aerzte die persönliche Danksagung bei dem Oberstburggrafen, dem Bürgermeister der Stadt und den Vorstehern der Versammlung übernommen. Sie bestand aus Wendt, Lichtenstein und mir. Nees von Esenbeck sollte auch dabei seyn, mußte sich aber davon lossagen, da er unwohl war. Wir wir vor der Sitzung zu diesem Zwecke ausfuhren und unsere angenehme Pflicht erfüllten, entging mir im Stillen die Reflexion nicht, daß wir zufällig alle Preußen waren.

Bei der allgemeinen Sitzung nahm die Verlesung der ausführlichen Sektions-Protokolle durch die betreffenden Sekretäre über die zahlreichen Arbeiten einen großen Theil der Zeit weg. Hierauf berichtete der Präsident über mehrere Schreiben, die von auswärtigen Gelehrten an die Gesellschaft ergangen waren, v. Krombholz theilte ein Verzeichniß literarischer Geschenke mit, und gab ferner den versammelten Mitgliedern den Dank der Stadt Prag für die ihr durch die Versammlung gewordene Auszeichnung zu erkennen. Dann sprach noch Hofr. u. Prof. Reichenbach über den heutigen Standpunkt der Naturgeschichte. Die Schlußrede hatte ich übernommen. Leider war mir

keine Zeit geblieben, sie ordentlich ausarbeiten zu können; wie ich sie nach meinen mit Bleifeder hingeworfenen Flugblättern sprach, machte sie aber einen bessern Eindruck, als ich irgend hätte erwarten können. Vielmal ward sie durch übergroßen Beifall, der freilich weniger dem Sprecher als den in der Rede Gefeierten gelten konnte, unterbrochen, und lebendig widerhallte aus dem Munde aller Anwesenden das am Schlusse derselben dem Kaiser dargebrachte dreimalige Lebehoch. Nicht weil ich auf die Rede irgend einen Werth lege — es waren Worte des Augenblicks, aber in Wahrheit und Ueberzeugung gedacht und gesprochen — sondern weil sie das Glück einer so günstigen Aufnahme hatte, und eine kurze Recapitulation von Manchem, was meine Briefe an Dich näher ausführten, enthält, möge sie genau so, wie ich sie gesprochen habe, durch die Beilage die Kürze dieses Briefes ergänzen.
Nach der Sitzung speisten wir zum letztenmale heiter und froh zusammen auf der Färber-Insel.

Beilage

Abschiedsrede

Hochgeborner Herr Oberstburggraf, hochverehrte Autoritäten des Landes und der Stadt, würdigste Vorsteher unseres Vereins, Wissenschaftsgenossen und liebe Freunde!
So nahet denn die Stunde, wo wir, jeglicher seinem Berufe folgend, Prag verlassen zur Heimath zurückkehren sollen, — und mir, als jüngstem anwesenden, vorletzten zweiten Vorsteher dieser Gesellschaft, liegt die angenehme Pflicht ob, die Gefühle an diesem Orte auszusprechen, welche die Mitglieder beim Scheiden empfinden. Eine schöne, süße Pflicht, deren Erfüllung die angenehmste Wirksamkeit meines hiesigen Aufenthalts ist, die aber zugleich ebenso schwer mir wird, weil ich es nicht entfernt zu erreichen vermag, ihren großen Umfang im Sinne aller meiner Committenten zu erfassen, weil mir die Gewandtheit der Rede ermangelt, die zahlreichen Fäden tiefer Empfindungen, aus eines jeden Einzelnen Brust und Herz zum mächtig sich ergießenden Strome zu sammeln.
Seine Majestät, der Kaiser Ferdinand, vernahm, durch das Organ unserer verehrten Herren Vorsteher, nicht allein willfährig unsern Wunsch, zum zweitenmale uns in seinen Staaten versammlen zu dürfen, sondern großmüthig, als Schützer und Schirmer der Wissenschaften, bewilligte er die Mittel, welche das Unternehmen erleichtern, begünstigen, zur großartigsten Ausführung fördern mußten. Der Landes-Chef Böh-

mens, Seine Excellenz der Herr Oberstburggraf, Graf von Chotek, den Prag und ganz Böhmen, als den wirksamsten, einsichtsvollsten, humanen Beförderer alles Guten, Schönen und Nützlichen mit so großem Rechte rühmen, war in seiner umfassenden Sphäre erfolgvoll bemüht, die Erreichung unserer Zwecke vorzubereiten, und nachhaltig dafür thätig zu seyn; er nahm uns allesammt gastlich in seinem Hause auf, wohnte selbst — als Kenner und Freund der Naturforschung — unsern allgemeinen und besondern Versammlungen bei. Und die hohen Behörden des Königreichs und der Stadt, alle folgten, nicht blos aus Pflichtgefühl, sondern aus innerm Impuls, aus Anhänglichkeit für die Sache, dem schönen Beispiele ihres Chefs.
Die Vorsteher unserer Gesellschaft, der im Leben und in der Wissenschaft hochgestellte Altmeister der Naturforscher, Herr Graf von Sternberg, und der verdienstvolle Priester Aesculaps, Herr Prof. v. Krombholz, aus vieljähriger eigener Erfahrung bekannt mit demjenigen, was eine Versammlung, wie die unserige, an äußerer und örtlicher wissenschaftlicher Zuthat, zur Erreichung tieferer Einsicht in die Natur bedarf, ließen während des Laufes eines ganzen Jahres es nicht fehlen, an Vorbereitungen und Bemühungen einer jeden Art, um uns den Weg zu bahnen, das leisten zu können, was die Zeit und unsere intellektuellen Kräfte zu leisten vermochten. Letzter unterzog sich sogar der großen Mühe, unter Beihülfe sachkundiger Männer, ein nützliches und anziehendes Werk auszuarbeiten, welches, durch Gutenbergs wohlthätige Erfindung vervielfältigt, uns in Prag als Wegweiser und Leitfaden bei unserm hiesigen Aufenthalte diente.
Die Stadt Prag ließ uns ein schönes ehernes Gedenkzeichen prägen, das uns immer und unsern Enkeln noch eine freudige Erinnerung der Tage seyn wird, welche wir genußreich in der Wissenschaft wie im Leben in ihren Mauern zubrachten.
Und der altehrwürdige Kaufmannsstand der Czechen Hauptstadt gab uns seine Theilnahme an unsern Bestrebungen zu erkennen durch einen splendiden Ball, der unserm Auge das Schönste der Natur, die Frauen und Jungfrauen zeigte — die Frauen und Jungfrauen Prags, von Längst her unter allen Deutschen gerühmt durch edle Gestalt und Anmuth, welche hier noch der anziehende deutsche Tanz erhöhte.
Selbst der Kaiser erzeigte uns die hohe Gnade, durch seinen höchststehenden Wortführer, uns in sein Haus einzuladen, und Namens seiner uns auf das Gastlichste und Kostbarste bewirthen zu lassen. Und überall wurden wir von den Einwohnern Prags, uns persönlich oder wissenschaftlich befreundet oder nicht, mit gleicher Zuvorkommenheit, Gastlichkeit empfangen, aufgenommen, bewirthet.

Der wissenschaftliche Genuß und die Belehrung, die uns in Prag von Prag aus eben so freundlich dargeboten wurden, waren von keinem geringen Umfange. Die Universität, berühmt durch ihr hohes Alter, durch großartige Leistungen in mannichfachen Perioden ihres langen Daseyns, durch die zahlreichen bedeutenden Namen, die hier lehrend wirkten, durch die Universitäten Leipzig, Ingolstadt und Rostock, deren Mutter sie war, durch ihr erfolgvolles Streben der heutigen Zeit, stellte uns in Personen und Sachen, in ihren zahlreichen Instituten, Sammlungen und Bibliotheken so viel Lehrreiches, Beschauens- und Untersuchungswerthes dar, daß leider die kurze uns zu Gebote gestandene Zeit nicht entfernt hinreichen kann, den Nutzen daraus zu ziehen, der bei der großen Liberalität, womit einladend die Zugänglichkeit bereitet war, in größerer Muße davon zu ziehn stand.

Das großartige schöne Institut des vaterländischen Museums, dessen Präsident auch unser allverehrter Präsident ist, welches im Laufe weniger Jahre durch die Freigebigkeit, die Einsicht und die umfangreichen Kenntnisse seines Vorsitzenden und anderer Vaterlandsfreunde zu einer bewunderungswerthen Vollständigkeit herangewachsen ist, lieferte unsern Forschungen das reichste, ein unerschöpfliches Feld.

Die zahlreichen praktisch-nützlichen Anstalten der ausübenden Heilkunde ganz oder theilweise angehörig, das allgemeine Krankenhaus, das Gebärhaus, die Strafanstalt, das Irrenhaus, das Siechenhaus, die Taubstummenanstalt und andere, die ich aus meinem abgesonderten Standpunkte nicht alle zu nennen weiß, waren uns geöffnet und boten unsern Mitgliedern das reichste Feld der Beobachtung, des Beispiels zur Verbreitung in andern Theilen des weiten deutschen Landes dar.

Die reichen und zahlreichen Gärten, begünstigt von einem ganz vortrefflichen Klima und von den Besitzern uns freundlich aufgeschlossen, gewährten köstlichen Genuß für Botanik und Geschmack.

Auch die Genüsse der Kunst wurden uns dargeboten in mehr als einer Form, Gemäldesammlungen von großer Bedeutung waren uns zugänglich. Die Musik, von jeher heimisch auf böhmischem Boden, war unsere freundliche Geleiterin an allen Orten, welche dem Leben und nicht blos der Wissenschaft bestimmt waren. Der unsterbliche Mozart weilte täglich wirkend in unserer Nähe; denn ihn weiß Prag zu ehren und zu würdigen wie keine Stadt der Welt. Aber auch Beethoven, egoistisch wage ich es auszusprechen, mein nächster Landsmann, findet hier eben so sehr und seiner würdig zahlreiche Priester und Verehrer.

Es möge mir erlassen seyn, all' das noch zu nennen, was uns hier dargeboten wurde in Liebe und Freundlichkeit. Es ist zu viel, um es mit einem Blicke, der hier nur vergönnt seyn kann, zu überschauen. Das ergriffene, von dem großen Eindrucke hingerissene Gemüth vermag es nicht in anatomische Zergliederung des zahllosen Großen, Guten und Schönen einzugehen; dazu bedarf es der ruhigen Recapitulation in der heimathlichen Stube.

Herzuzählen, was wir dagegen für die Wissenschaft gethan und gewirkt haben im innern Kreise unserer Thätigkeit, dürfen wir nicht wagen. Möge die Versicherung genügen, daß jeder nach Kraft und Lage sein Schärflein beigetragen hat, zur nähern Erkenntniß der Natur, ihrer Produkte und Kräfte. Ob das Streben erfolgvoll war, kann die Zeit nur lehren, und wenn die nächste dieses auch nicht überall in großen schlagenden Beweisen zu erkennen giebt, so möge nur die Größe des Gesammtbaues ins Auge gefaßt werden, den wir unternommen, an dem der Aufbau der einzelnen Steine nicht so bald erkennbar seyn kann, und daß Vieles Keime sind, welche lange Zeiträume erfordern mögen, ehe sie sich der Welt in ihrer Nutzbarkeit ausgebildet darstellen können.

So vermögen wir denn unsere Anerkennung des hier Geleisteten nicht durch den Werth unserer Leistungen zur Stelle zu bethätigen, und schwer wird es mir daher den Ausdruck des Dankes zu finden, für so Vieles und Alles, was uns in der alten Praga dargeboten wurde, was für und an uns geschehen ist. Eine viel beredetere Zunge wünschte ich dazu mit meiner lautsprechenden Stimme vereinigen zu können.

Zunächst Dank, den allerunterthänigsten und aus des Herzens Fülle dargebrachten, Sr. Majestät, dem hochherzigen Kaiser und Könige Ferdinand, für die vielseitige Beförderung unseres anspruchlosen Wirkens. Möge der Allmächtige ihm und seiner allerhöchsten Familie dafür Gesundheit und Wohlergehen auf lange, lange Jahre verleihen, möge sein väterlicher Scepter noch viele Decennien das Land regieren, welches unter ihm in vollem Maße sich glücklich fühlt; möge sein glorreiches Haus wachsen und gedeihen immerdar!

Dann ferner Dank, den gehorsamsten und innigsten, dem hochgestellten Herrn Oberstburggrafen von Böhmen für die großen Aufopferungen jeder Art, welche er der Gesellschaft dargebracht hat. Möge auch er sich lange der fortwährenden ihm so gerne vom In- und Auslande gezollten hochverdienten Anerkennung erfreuen, die sein rastloses erfolgvolles nützliches Wirken schuf.

Weiteren Dank den hohen Behörden des Landes, die mitwirkend zum Zwecke sich an den hochverehrten Chef anschlossen.

Dank der alten Praga selbst und ihren Autoritäten, mit der Versicherung, daß in unsern Herzen das freundliche Andenken an die Stadt noch tiefer eingeprägt steht, als das Rathhaus auf der uns geprägten Medaille im ehernen Relief sich erhebt. Möge die Stadt, welche im Laufe der Zeiten die furchtbarsten Schicksale zu bestehen hatte, sich fernerhin immerdar der genußreichsten Ruhe erfreuen!
Dank der Universität, ihren Lehrern und Institutsvorstehern, allen für die freundliche Begegnung und Aufnahme, welche uns durch sie zu Theil ward. Möge die Hochschule grünen und blühen noch Jahrhunderte lang, noch länger lebendig frisch in der Geschichte vorwärts schauen, als sie derselben bereits angehört.
Dank allen Vorstehern und Besitzern von Instituten, Sammlungen, Bibliotheken jeder Art, welche uns zugänglich waren, deren Beschauung und Benutzung wir uns zu erfreuen hatten. Immer vorwärts, des alten Blüchers Wahlspruch ist es, den wir als Wunsch für Euch aussprechen wollen.
Dank dem altehrwürdigen Kaufmannsstande Prags für die liebreich freundliche Bewirthung in Terpsichore's Tempel. Möchten unsere Bestrebungen mit dahin führen, Erfindungen zu erzeugen, welche den Gewerbs- und Handelsstand fördern können; möchte die Blüthe davon dem Kaufmannsstande dieser Stadt als Lohn seiner Gastlichkeit zu Theil werden.
Dank allen biedern Bewohnern der von Libussa gegründeten Stadt, die ihr uns freundlich aufnahmt und beherbergtet.
Dank, den zartesten, den edlen Frauen und Jungfrauen Prags, für die freundlichen Blicke, mit denen Ihr die fremden Männer begrüßtet, und deren Aufenthalt in hiesiger Stadt aufs Freundlichste gestalten halft. Euch ergehe es wohl im Kreise glücklicher Familien; uns bleibt nur das Bedauren, nicht länger Zeuge der Anmuth seyn zu können, womit Ihr Eure Umgebung zu beglücken gewohnt seyd.
Und endlich bleibt mir noch übrig gegen zwei Männer einen ganz besondern Dank auszusprechen, ungeachtet sie selbst zu den unsrigen gehören und uns in wissenschaftlicher Beziehung enge verbunden sind.
Namen brauchte ich in der That nicht zu nennen, wenn es gilt die beiden zu bezeichnen, welche wahres Hochverdienst um unsere Versammlung sich erworben haben. Dir, Graf Sternberg, Dir, Du Schöpfer der Flora subterranea, Du Eingeweihter ersten Rangs in die Fülle der Mysterien der Natur, — Dir, auf den wir ebenso stolz sind, als Böhmen mit vollbegründetem Rechte Deinen hehren Patriotismus hochverehrt, Dir sey der Wunsch geweiht, daß Dir noch viele Jahre das Glück blühen möge der innig

Vertraute der Natur zu seyn, denn Dir bekennt sie Geheimnisse, welche Jahrtausende der dichteste Schleier verbirgt. Genehmige das persönlich Wohlwollende dieses Wunsches, und verzeihe den Egoismus in ihm, da die Verwirklichung uns und der ganzen Menschheit den größten Gewinnst bringt. Aber der Gedanke an Graf Sternberg läßt sich von dem an tüchtige, erfolgvolle Naturforschung nicht trennen. Möge die nothwendige Combination Jahrhunderte lang noch im Gedächtnisse unserer Nachkommen verbleiben.

Dank Dir, Du verdienstvoller Hochlehrer von Krombholz! Erfreue auch Du noch lange, lange die Welt mit dem Worte deiner Lehre, geschöpft aus gereifter Erfahrung, fahre ebenso fort der Menschheit Leiden erfolgreich zu heilen; erfreue Dich des Segens Deiner Familie!

Doch die Worte verstummen in der Tiefe der Empfindung, erlaßt uns Ferneres Ihr hochgeehrten Männer, beide, erkennt des Gefühles Macht in dem Wogen unserer Herzen.

Aber schon zuckt der Stundenweiser, um den Augenblick des Abschieds anzudeuten!

So lebt denn wohl, Ihr Männer, Ihr Frauen und Jungfrauen, insgesammt, die Ihr uns wohlwollt, in Prag. Wehmuthsvoll werden unsere Blicke nach der Vielgethürmten gerichtet bleiben, bis sie ihnen entschwindet, und dann bleibet noch das Andenken auf immer an Euch.

Auch wir, Wissenschaftsgenossen und Freunde, vertheilen uns nach allen Divergenzen der Compaßrose. Jedem von Jedem einen deutschen Händedruck beim Scheiden. Nach Jahresfrist treten wir wieder zusammen nahe dem Strande des Vaters Rhein, dort wo sich mein liebes Siebengebirge im stattlichen Kaiserstuhl wiederholt. Frei ist die Burg, die wir beziehn wollen, frei für unser Gewerbe, für Forschung und Ermittlung der Wahrheit im schuldlosen Wirken der allmächtigen Isis. Möge dann kein theures Haupt fehlen, das uns der unerbittliche Tod entriß. An das schöne Ende unserer Versammlungen vom Jahre 1837 knüpfe sich der Anfang für 1838 wieder an.

Aber eins noch beim Schlusse, liebe Freunde, laßt mit mir leben hoch den hochherzigen Kaiser und König Ferdinand — und zum zweitenmale hoch — und zum drittenmale! .. .. ..

So hätte ich denn meinen Reisebericht beschlossen. Ich hoffe Dir dadurch auch Lust zu einem nächsten Besuch der Naturforscher-Versammlung gemacht zu haben, und so lohnend ein solcher nach meinen wiederholten Erfahrungen immer ist, so wird er es doch in einem bedeutend erhöheten Maaße, wenn man damit solche Streifereien, wie die meinigen waren, verbinden kann. Und dazu bietet gerade die Versammlung in Freiburg die köstlichste Gelegenheit von den verschiedensten Seiten dar. Reise also hin, und wenn ich vielleicht in diesem Jahre den Besuch nicht ausführen könnte, entschädige mich wenigstens durch einen, dem meinigen an Geschwätzigkeit gleichkommenden, Bericht. Glück auf!

Erinnerungen an die Tagungen in Freiburg Brg. (1838) und in Graz (1843)

(Auszüge aus: Eser Friderich, württemb. Oberfinanzrat: Aus meinem Leben (1798—1873). Hrsgb. von P. Beck, Amtsrichter a.D. Ravensburg. Alber 1907. 708 S.)

Freiburger Tagung 1838

Für den September 1838 war hauptsächlich zu Ehren des Professors Oken die Wahl des Versammlungsortes der deutschen Naturforscher auf *Freiburg* im Breisgau gefallen, denn Oken war ja der Gründer dieser großartigen und für Deutschland so erfolgreichen Versammlungen und hatte der Universität Freiburg einen großen Teil seiner Ausbildung und einigen menschenfreundlichen Familien dieser Stadt die Möglichkeit derselben zu verdanken.

Freiburg hatte für mich schon seit meiner Studienzeit eine besondere Anziehungskraft und ich entschloß mich daher, meine jungen Schwingen zu versuchen und mich in die Mitte so vieler gelehrten und mir so weit überlegener Männer zu wagen, hatte ich doch an meinem Freunde Spenner, damals Professor der Botanik daselbst und an Bergrat Walchner eine Stütze zu erwarten.

Die Hinreise wurde zunächst zu einem längst beabsichtigten Besuche bei meinem Studienfreunde Oberforstrat von Koller in Donaueschingen benutzt, mit welchem ich in lebhaften Briefverkehr geblieben war. Auch Koller hatte es zu seinem Beruf gehörend betrachtet, sich mit der Geognosie bekannt zu machen. Ich fand also auch in dieser Richtung in seinem gastfreundlichen Hause Ansprache und Anklang, und um so schneller entwickelte sich die mir sehr wichtige Bekanntschaft mit seinem Freunde, dem trefflichen Dr. Wilhelm Rehmann, fürstlicher Leibarzt und Hofrat, der als Vorstand des fürstlichen Naturalienkabinetts zu Hüfingen*) eifrigst bemüht war, diese, namentlich an Mineralien so reiche Sammlung auch in paläontologischer Richtung

*) Wilhelm Georg Rehmann, geboren 1792 zu Donaueschingen als Sohn des Hofrats und Leibarztes Dr. Joseph Rehmann, gestorben daselbst 1840.

unter fleißigster Benützung der Erfunde auf den fürstlichen Besitzungen in gleichem Maße auszustatten.

Schon an einem der nächsten Tage wurde eine gemeinschaftliche Exkursion nach dem fürstlichen Jagdschlosse *Wartenberg* unternommen, das in der Richtung gegen Geisingen den letzten vulkanischen Hügel des Höhgaus gegen Nordwesten krönt. Schon auf der Landstraße bemerkt man mit einem Male die Nähe des Basalts, denn sie ist durch das den Steinbrüchen des Wartenbergs entnommenen Material schwarz gefärbt. Bald erhebt sich der ansehnliche, vulkanische Hügel aus dem braunen Jura, welcher hier einen ungewöhnlichen Petrefaktenreichtum von trefflicher Erhaltung entwickelt. Die Ausbeute war sehr befriedigend und noch interessanter die Beobachtung des Kontaktverhältnisses des Basalts mit dem braunen Jura, das zu manchen Störungen und zu Bildung eines Tuffes Veranlassung gegeben hat, in welchem wir jedoch vergeblich nach Terebrateln suchten, welche Leopold von Buch in denselben gefunden haben soll. Jedenfalls wäre das eine Erscheinung von geringer Bedeutung, auf welche die damaligen Anbeter von Buchs ein großes Gewicht legten.

Mit Rehmann besuchte ich nun mehrmals das Kabinett in Hüfingen, wo mir besonders die herrlichen Exemplare von *Testudo antiqua* aus dem Gypse von Hohenhöven merkwürdig waren. Auch die Conchyliensammlung ist ansehnlich und Rehmann machte mich auf die große Förderung, die eine Conchyliensammlung dem Paläontologen zu Vergleichungen und Formenstudien gewährt, aufmerksam. Da das Kabinett zahlreiche Dubletten aus ältern Sammlungen besaß, so bot er mir in höchst liberaler Weise einen großen Vorrat zur Auswahl, welche Erwerbung sofort die Grundlage zu meiner Conchyliensammlung bildete, bei welcher ich zwei Rücksichten beobachtete, nämlich die Repräsentanten von möglichst vielen *genera* zu erwerben und bei der Auswahl darauf zu sehen, ob sie auch in der fossilen Welt auftraten.

Zu meiner Freude beabsichtigte auch Dr. Rehmann, die Versammlung in Freiburg zu besuchen und wir konnten die Reise durch Hölle und Himmelreich gemeinschaftlich antreten. Wir fanden Zeit, uns näher kennen zu lernen, einen künftigen Tauschverkehr zu verabreden und so ein Verhältnis zu begründen, das nicht nur für meine Zwecke sehr ersprießlich war, sondern mir auch die aufrichtige Freundschaft dieses wahrhaft edeln und ungemein strebsamen Mannes verschaffte, den mir leider ein früher Tod nach wenigen Jahren wieder entriß.

In Freiburg traf ich sogleich meinen Freund Spenner unter den Geschäftsführern, aber er war in hohem Grade von seinen diesfälligen Verpflichtungen in Anspruch genommen und konnte sich mir wenig widmen. Da auch meine Landsleute aus Württemberg sich noch nicht zeigten, so fand ich mich bei der ersten Abendunterhaltung ziemlich isoliert und bereute fast, mich als ein der Welt noch Unbekannter, auf dieses Unternehmen eingelassen zu haben.

Aber bei der am nächsten Morgen abgehaltenen Generalversammlung traf und gewann ich zahlreiche Freunde und Bekannte, Plieninger und Jäger von Stuttgart waren anwesend; Dr. Bodenmüller aus Gmünd begrüßte mich als alter Freund, Spenner, Walchner, Rehmann und Oberforstinspektor Gebhard von Donaueschingen, den ich dort kennen gelernt hatte, stellten mich ihren Freunden von Alberti, von Althaus und Escher von der Linth aus Zürich vor und ich sah mich jetzt von den achtbarsten Männern der Wissenschaft umgeben, deren persönliche Bekanntschaft ich längst gewünscht hatte.

Es würde zu weitläufig sein, den ganzen Verlauf dieser unvergeßlichen Versammlung schildern zu wollen, aber erwähnen darf ich, wie die persönliche Bekanntschaft mit Ludwig Agassiz, der sich lebhaft für die von mir mitgebrachten Wirbeltierreste von Baltringen interessierte, mich erfreute.

Agassiz, damals noch ein junger, schöner Mann, stand auf dem höchsten Punkt seines Ruhmes. Mit dem kernigen Wesen eines Schweizers verband er die ritterliche Artigkeit und gesellige Gewandheit des Franzosen, wie er sich auch in deutscher und französischer Sprache mit gleicher Fertigkeit auszudrücken vermochte. Kurz, wäre er auch nicht der berühmte Agassiz gewesen, so hätte man in dem braungelockten, mittelgroßen, aber wohlgebauten, blühenden Manne mit den, von einem geistvollen, blauen Auge belebten, edlen Gesichtszügen eine höchst gewinnende Erscheinung erblicken müssen.

Auch Leopold von Buch war erschienen und hielt in der geologischen Sektion, welcher Walchner präsidierte, einen allgemein ansprechenden, höchst wichtigen Vortrag über den schwäbischen Jura. Es waren die Grundzüge seines bald darauf erschienenen Buches über diesen Gegenstand, welches der Geologie des Jura ihre bleibende Grundlage gegeben hat. So wenig imposant die kleine, korpulente Gestalt dieses berühmtesten aller Geologen sich zeigte, so bedeutsam erschien sein mächtig entwickeltes Haupt mit der hohen Denkerstirne und der antiken, Cäsarenbüsten ähnlichen, kühn vortretenden, gebogenen Nase. In seinem Vortrag war der Berliner Dialekt, den er nicht ganz verleugnen konnte, etwas störend, aber er machte durch seine Klarheit und seinen präzisen logischen Aufbau einen bleibenden Eindruck.

Zu den bedeutendsten Erscheinungen dieses Gelehrten-Kongresses gehörte die Disputation, welche von drei berühmten Zoologen in jener Sektion über das neue Fischsystem des Prinzen Carlo Bonaparte, Fürsten von Musignano, abgehalten wurde. Dieser, ein wahres Ebenbild seines großen Oheims, verteidigte sein neu aufgestelltes System mit großer Gewandtheit gegen Strauß-Dürkheim von Paris und den berühmten Oken von Zürich, dem schlanken Mann mit dem eigentümlichen Vogelgesicht und den großen, dunklen Augen, den ich hier zum erstenmal im lebhaftesten Vortrag begriffen fand. Der Prinz behauptete als echter Bonaparte, trotz der heftigen Angriffe seiner Gegner, zu welchen sich zuletzt auch noch Agassiz gesellte, das Schlachtfeld mit Ehren, und gilt, obgleich früh zu den Vätern versammelt, heute noch als sehr achtbarer Zoolog.

Eine geognostische Exkursion auf den eine Stunde von Freiburg entfernten zweitausend Fuß hohen Schönberg mit seiner prachtvollen Aussicht über das Rheintal, gestattete eine Übersicht über das zahlreiche Kontingent der geologischen Sektion. Da erblickte man den unermüdlichen Leopold von Buch, Bukland, den späteren Dekan von Westminster, jetzt aber in der Tracht eines Bergmanns, mit Ledertasche, Hammer und Gebirgsstock, eine hohe, schlanke, schweigsame Gestalt mit der steifen Haltung eines echten Engländers; die stattliche, behagliche Figur des Belgiers Omalius d'Halloys, damals berühmt durch geologische Schriften; den echten Alpensohn Arnold Escher von der Linth aus Zürich; Bernhard Studer von Bern, dessen geschmeidige Gestalt den großen Alpenkenner nicht verraten würde und Peter Merian, den scharfsinnigen und dabei so gemütlichen Ratsherrn von Basel; die kleine aber ungemein rührige Gestalt des genialen Entdeckers der Trias, Friedrich von Alberti; den heitern, witzigen von Althaus, Direktor der Saline Dürrheim; Karl Cäsar von Leonhard, den feinen, geschmeidigen Hofmann und Protektor der Mineralogen, die große, imponierende Gestalt Walchners, Bergrats in Karlsruhe; Fr. Ad. Römer aus Hildesheim, verdienter Verfasser mehrerer paläontologischer Werke; Johann von Charpentier, der berühmte Gletscherforscher aus Bex im Wallis und noch manche Andere, unter Leitung des ebenso kenntnisreichen, als liebenswürdigen Frommherz, Professor der Chemie und Mineralogie in Freiburg. Frommherz hatte ein sehr zweckmäßiges Terrain für diese einen vollen Tag in Anspruch nehmende Exkursion gewählt, denn der Schönberg bietet nicht weniger als neun neptunische Formationen; man geht vom bunten Sandstein durch den Muschelkalk, Keuper, Lias, untern Rogenstein, Hauptrogenstein, Oxford und Korallenkalk, oder wie man sich jetzt ausdrücken würde, schwarzen, braunen und weißen Jura bis zur Tertiärformation, welche die Kuppe des Berges bildet und findet auf der Südseite des Berges Dolerit-Konglomorate, aus dem untern Rogenstein sich erhebend, welchen Frommherz in seiner geognostischen Beschreibung des Schönbergs von 1837 die Hebung des Berges zuschreibt.

Der emsige, unverdrossene Leopold von Buch, obgleich einer der ältesten in der Gesellschaft, stand immer an der Spitze der Expedition und als man um die Mittagszeit in einer ländlichen Wirtschaft einer Erfrischung eifrig oblag, konnte man ihn kaum vermögen, ein Glas Wein und Stückchen Brot anzunehmen. Nach wenigen Minuten drang er unaufhaltsam ganz allein vorwärts und schalt uns faule Leute. Auch unterwegs hatten wir einmal eine ergötzliche Probe seiner göttlichen Grobheit vernommen. Plötzlich wandte er sich an den Geheimrat von Leonhard und sagte: wissen Sie auch, Leonhard, daß heute Ihr Namenstag ist, es ist St. Leonhardtag, des Patrons des Rindviehs.

Zu meiner Freude tauchte plötzlich auch Graf Mandelsloh in Begleitung des jungen, lustigen Max Braun, Bruder von Alexander Braun auf; er war erst angekommen und hatte uns hier, wie er sagte, seinem Instinkte nach gutem Naß folgend, glücklich aufgefunden.

Nach einer erklecklichen Forschung wanderten wir weiter und trafen bald auf einen Steinbruch, vor welchem wir L. von Buch tief sinnend stehen sahen; das Profil des Steinbruchs bot durch Hebungen und Senkungen rätselhaft verschlungene Linien und sogleich rief von Buch: wo ist Julius Cäsar (nämlich Leonhard), er soll uns diese problematische Erscheinung erklären. Aber Cäsar war nirgend zu erblicken, die böse Welt wollte wissen, daß er diesem Schauplatz einer so großen Autorität gegenüber, absichtlich aus dem Wege gegangen sei. Später kamen wir wieder auf das Gebiet des braunen Jura. Hier fand ich eine in dieser Abteilung nicht seltene Muschel, die *Ostrea calceola* in ausgezeichneter Erhaltung. Walchner nahm davon Veranlassung, mich der Gesellschaft als glücklichen Austernfinder vorzustellen, denn ich hatte auch bei unsern Exkursionen in der Nummuliten-Etage um Weißbad in Appenzell ein besonders wohlerhaltenes Exemplar der *Ostrea tenni lammella Desh.*, oder wie man sie früher nannte, *explanata* gefunden und sie im Interesse der Wissenschaft Walchner abgetreten, da er beabsichtigte, seine wichtigen, neuen Erfunde am Säntisstock der deutschen Naturforscherversammlung in Bonn als Belege eines Vortrags vorzulegen.

Spät abends kam man sehr ermüdet, aber auch vielfach belehrt wieder in Freiburg an und überließ sich bei einem guten Glase Markgräfler einer behaglichen Ruhe, die durch

Die Festhalle in Bremerhaven.

Zu dem Bilde „*Die Festhalle in Bremerhaven*" lesen wir im Amtlichen Bericht der 22. Versammlung in Bremen 1844, S. 147: „Nachdem in der neben dem Hafenhause erbauten Festhalle die Vorbereitungen zum *déjeuner dinatoire* beendigt waren, reiheten sich bald Herren und Damen, Fremde und Einheimische in buntestem Gemische an den langen Tafeln, woran gegen sechshundert Personen Platz fanden. Diesen Augenblick sucht die beigelegte Darstellung der ‚Festhalle in Bremerhaven' zu versinnlichen, um jeden Theilnehmer des Festes die Localität und Anordnung des Ganzen in's Gedächtnis zurückzurufen. ... Vor der Halle lagen die Bote eines Südseefahrers mit den Geräthen, welche beim Wallfischfang benutzt werden, nebst Ankern und Tonnen."

die heitere Laune Mandelsloh's, Alberti's und Althaus in mancher Weise gewürzt wurde.

Meinen Freund Spenner konnte ich nur einmal besuchen, da man ihn als Mitglied des geschäftsführenden Komitees selten zuhause traf. Hier zeigte er mir sein höchst ansehnliches Herbar, das die sämtlichen Wände eines geräumigen Zimmers füllte und aus welchem mir später manche seltene Pflanze zugekommen ist. Er erzählte, welch' unsägliche Mühe es ihn gekostet habe, die Flora Deutschlands zusammenzubringen, bei welcher nur noch wenige Lücken auszufüllen seien. Später besuchten wir den botanischen Garten, welchem Spenner die lebhafteste Sorgfalt widmete. Einige Pflanzen, die mir auffielen, legte er augenblicklich mit der ihm eigenen Fertigkeit für mich ein. Inzwischen waren mehrere junge Botaniker aus den benachbarten Städten des Elsaß gekommen, die allerlei Fragen in französischer Sprache an ihn richteten. Aber er lachte sie aus und antwortete deutsch, indem er mir sagte, ob mich diese Kerle verstehen, ist mir gleichgiltig, sie sollen ihr dummes Gewälsch aufgeben, mit welchem sie sich interessant machen wollen. Übrigens muß ich gestehen, daß diese Halbfranzosen, die häufig zu mir über den Rhein kommen und oft seltene Sachen aus den Vogesen bringen, zu meinen eifrigsten Schülern gehören. Auch ein schöner, schlanker, junger Mann von ungewöhnlich blühendem Aussehen, dem eine wahrhaft jungfräuliche Unverdorbenheit aus den lebhaften blauen Augen leuchtete, hatte sich eingefunden, und wurde mir von Spenner als sein Lieblingsschüler, med. stud. Höfle aus Markdorf beim Bodensee, vorgestellt. Die gewinnende Gestalt und die ruhig verständige und bescheidene Haltung des jungen Mannes hatten mich sogleich für ihn eingenommen und als mir Spenner versicherte, daß er nach Geist und Herz zu den vorzüglichsten jungen Menschen gehöre, die ihm seit Jahren an der Universität bekannt geworden, trat ich gerne mit ihm in nähere Bekanntschaft und lud ihn ein, einen Teil seiner nächsten Ferien bei mir zuzubringen, was er auch im Frühling 1839 ausführte und wodurch zwischen uns trotz der Ungleichheit der Jahre ein intimes Freundschaftsverhältnis erwuchs, das mir auch bezüglich meiner naturwissenschaftlichen Bestrebungen, in welchen uns ein gleicher Eifer beseelte, so manche Förderung gewährte.

In einer Sitzung der botanischen Sektion lernte ich auch den berühmten brasilianischen Reisenden und Palmenkenner, Hofrat von Martius aus München, kennen. Es zeigte sich, daß wir an Apotheker Hinterhuber in Mondsee einen gemeinschaftlichen Bekannten besaßen, da Martius Hinterhuber schon öfter besucht und mit ihm die Berge des Salzkammerguts bestiegen hatte. Er rühmte die gründlichen Kenntnisse desselben und riet mir, die Bekanntschaft mit diesem in jeder Beziehung schätzbaren Manne sorgfältig zu kultivieren. Noch folgenreicher war für mich eine andere Bekanntschaft, die mir bei derselben Gelegenheit Spenner zuführte. Ich hatte während meines Aufenthalts in Weißbad öfter von einem kühnen Bergsteiger, dem Pfarrer von Teuffen, sprechen hören, der vor einigen Jahren den „Alten Mann", den bekannten Zwillingsbruder des Säntis erstmals erstiegen habe. Dies kann nur auf einem schmalen, auf beiden Seiten in eine Tiefe von mehreren hundert Fuß steil abfallenden Felsgrat rittlings geschehen und selbst Walchner, der gewandte, ungemein kräftige Alpenwanderer, gestand mir, daß sich in ihm ein unheimliches Grauen geregt habe, als sein Führer vor der bedenklichen Fahrt sein Käppchen abgenommen und ein Gebet verrichtet habe.

Ich hätte nicht unterlassen, den kühnen Pfarrer, der auch als ausgezeichneter Botaniker bekannt war, in dem nicht fernen Teuffen zu besuchen, wäre er nicht während meines ganzen Aufenthalts in Appenzell auf einer Reise in Frankreich, Belgien und Holland begriffen gewesen.

Jetzt stand der Alpenmann mit seinem Adlerblicke, Pfarrer Rehsteiner von Teuffen bei Gais, plötzlich vor mir und schenkte mir, als von seinem alten botanischen Freund Spenner empfohlen, die lebhafteste Aufmerksamkeit. Aus diesem Zusammentreffen entwickelte sich für mich ein höchst erfreuliches Verhältnis, das über zwanzig Jahre dauerte und von welchem in diesen Blättern noch öfter die Rede sein wird.

Die Fahrt nach Badenweiler zu dem großartigen Feste, welches der Großherzog von Baden den in Freiburg versammelten Naturforschern an diesem mit allen Reizen der Natur geschmückten Badeort gab, machte ich in der ansprechenden Gesellschaft Plieningers und Dr. Pertys, Professor der Zoologie in Bern, der mir manche schätzbare Belehrung über entomologische Fragen zuteil werden ließ.

Auf der Steige, welche von Mühlheim nach Badenweiler führt, konnte man interessante Profile des Hauptrogensteins beobachten, durch welchen die Kunststraße teilweise geführt ist. Man besuchte sofort die ungemein malerische Burgruine mit ihrem herrlichen Ausblicke über das Rheintal und die Vogesen und dem majestätischen Hintergrund des steil sich erhebenden Blauen. Auch die Reste des Römerbades, des bedeutendsten echt römischen Baues in Süddeutschland, wurden mit lebhaftem Interesse besichtigt, dann zog man aber in das moderne Römerbad, wo alle Natur- und Altertumsstudien sich zuletzt in dem lebhaftesten Weinstudium konzentrierten, zu welchem die köstlichen Sorten des 1822er Markgräfler, welche der Großherzog in erstaunlicher Fülle auftischen ließ, den willkommensten Stoff lieferten.

Doch traten auch einzelne Episoden ein, wo sich Gruppen spezieller Freunde zum Austausche ihrer Pläne und Absichten für die Zukunft vereinigen konnten, aus welchen Verabredungen später manche Förderung hervorging.
Eine besondere Freude war es für mich, Spenner und Walchner, welche sich schon seit ihren Studienjahren kannten und welchen ich so vieles verdankte, hier um mich vereinigt zu sehen. Aber wer hätte es glauben sollen, ich sah diese beiden Männer, welche damals im besten Mannesalter standen, nicht wieder. Spenner starb schon im Jahre 1842 mitten in der lebhaftesten Berufs- und schriftstellerischen Tätigkeit und Walchner stand damals als Präsident der geognostischen Sektion, die er mit Würde und Geschick bekleidete, wohl auf dem Gipfelpunkte seiner rühmlichen Tätigkeit. Zwar nahm er noch bei Bearbeitung der zweiten Auflage seines Handbuchs der Geognosie einen kräftigen Anlauf und man konnte sich ein ausgezeichnetes Werk versprechen, aber alle diejenigen, welche auf dieses unglückselige Buch subskribierten, wissen, wie schmählich es gleich dem Vater Rhein im Sande versiegte und dieser urkräftige Mann, gleich ausgezeichnet an Körper und Geist, soll jetzt nur noch als ein gebrochener Schatten seiner frühern Tatkraft auf der Erde wandeln.
Nach der etwas abenteuerlichen Rückfahrt von Badenweiler beschloß die letzte Generalversammlung den Freiburger Gelehrten-Kongreß. Als hier wie gewöhnlich von der Wahl des nächsten Versammlungsrates die Rede war, elektrisierte Oken durch die Bemerkung „nach Hannover wird wohl keiner gehen wollen“ die Versammlung zu stürmischem, nicht enden wollendem Beifall, denn König Ernst August hatte damals kurzweg die Verfassung über Bord geworfen und dem Welfenhause damit eine unheilbare Wunde geschlagen. So sicherte sich der Veteran der deutschen Naturforscher mit diesen wenigen Worten auch in politischer Beziehung ein ehrenwertes Andenken.

Grazer Tagung 1843

Die Lage der Stadt ist sonnig, mild und anmutig. Waldige Bergzüge umgeben das stundenweite Becken, in welchem sich *Graz* an die einzige bedeutende Erhebung, den mit Ruinen gekrönten, parkartig angelegten Schloßberg lehnt, der sich, in rebenreiche Hügel auslaufend, allmählich in die Ebene verflächt.
Der ansehnliche Fluß, die Mur, die Stadt durchschneidend, belebt mit seinen malerischen Brücken Stadt und Landschaft, während alte Wälle, Mauern und Stadtgräben mit reizenden Gärten und Landhäusern bedeckt, freundliche Landschaftsbilder selbst

9*

im Innern der Stadt bieten. Die drei Vorstädte mit breiten, regelrechten Straßen, vielen stattlichen und meist wohlgebauten Häusern, umkreisen die alte innere Stadt mit ihren meist unregelmäßigen Straßen auf drei Seiten und erheben das Ganze zu einer sehr ansehnlichen, mit etwa vierzigtausend Einwohnern bevölkerten Provinzialhauptstadt.

Die oben geschilderte Lage und Beschaffenheit der Stadt machte auf uns einen guten Eindruck und nicht weniger der freundliche Empfang in dem vorzüglichen Gasthofe zur Stadt Triest, wo wir uns behaglich einrichteten.

Als eine Hauptmerkwürdigkeit von Graz galt damals das von dem Architekten Wilham erbaute, ungemein geräumige neue Gesellschaftshaus, nicht ohne Grund Kolosseum genannt. Es enthielt neben einem eleganten Konzertsaal einen Speisesaal für achthundert bis tausend Personen und eine Reihe von konfortabeln Gesellschaftszimmern. Der Bau soll hauptsächlich von Erzherzog Johann im Hinblicke auf die bevorstehende Versammlung angeregt und von ihm mit erklecklicher Unterstützung bedacht worden sein.

Dahin war unser erster Gang gerichtet und wir hatten das Glück, den Erzherzog eifrig beschäftigt bei einer Konzertprobe zahlreicher steirischer Musiker zu treffen, meist junge Leute stattlichen Ansehens, die er mit väterlicher Freundlichkeit behandelte.

Am Abend trafen wir zu unserer Freude Leopold von Buch in Gesellschaft des Professors Bernhard Cotta von Freiberg und seines Bruders August, Forstinspektor zu Tharand, in unserm Gasthof und verbrachten die Abendstunden in anziehenden Gesprächen.

Am Sonntag, den 17. September wurde die Inskription im ständischen Landhause vorgenommen. Wir benützten den freundlichen Herbsttag zunächst zu einem Spaziergang auf den Schloßberg, wo die vormalige Burg größtenteils in Ruinen liegt und nur unbedeutende Gebäude zum Behufe der Feuerwache u.s.w. wieder hergestellt sind. Die Aussicht umfaßt das ganze weite Talbecken und sämtliche Teile der Stadt und ist ebenso imposant als anmutig. Wir speisten in unserem Gasthofe, machten die vorläufige Bekanntschaft mehrerer Hausgenossen, benützten den Nachmittag zu einem Spaziergang nach dem sogenannten Minoritenschlößchen in einer lieblichen, hauptsächlich dem Weinbau gewidmeten, von sanften Hügeln durchzogenen Gegend und trafen am Abend bei dem Besuch der Ruinen im Redoutenhause den mir schon von Freiburg her bekannten und Mandelsloh längst befreundeten Professor Peter Merian aus Basel, der uns in den Kreis seiner Freunde einführte, während unser Reisegenosse Hinterhuber die Bekanntschaft mit dem österreichischen Gelehrten, besonders mit dem emsigen Naturforscher Freyer, Kustos des Naturalienkabinetts zu Laibach ermittelte, welcher sich um die Zoologie und Paläontologie in Krain, Kroatien und dem Küstenlande sehr verdient gemacht hat.

Am 18. September wurde die Versammlung der deustchen Naturforscher feierlich eröffnet. Auf dem Gange nach dem Kolosseum wurden wir im schön und zweckmäßig angelegten botanischen Garten des Joanneums von Professor Merian dem Erzherzog Johann vorgestellt, der uns mit der ihm eigenen biedermännischen Freundlichkeit empfing. Graf Mandelsloh benützte diese Gelegenheit, um ihm seinen Sohn Albrecht, welchen er der Ingenieurakademie in Wien behufs seiner militärischen Ausbildung zu übergeben beabsichtigte, zu empfehlen. Der Erzherzog war über dieses Vertrauen sichtlich erfreut und sagte: „Bleiben Sie ja bei diesem Entschlusse, lieber Graf! So einer aus dem ‚Reiche' ist uns lieber als ein Halbdutzend Jyki, Enski, Owski u.s.w., er soll gut aufgehoben sein." Mittlerweile hatte ein Diener die erste Nummer des Tagblattes gebracht, welche ausgeteilt wurde. Die Zahl der Exemplare reichte nicht hin, um mir auch ein Blatt einzuhändigen. Kaum hatte dies der Erzherzog bemerkt, als er mir das seinige anbot, was ich auch mit gerührtem Danke annahm, da solche Freundlichkeiten großer Herren als Befehle zu betrachten sind.

Die erste allgemeine Versammlung wurde sofort von dem Erzherzog in Person mit einer Begrüßungsrede eröffnet, die sich durch Herzlichkeit, kernigem, taktvollem Inhalt und schön abgerundete Diktion auszeichnete. Der Redner schloß mit dem praktischen Vorschlag: daß künftig bei jeder Versammlung eine Übersicht der Leistungen des verflossenen Jahres in den verschiedenen wissenschaftlichen Fächern vorgelegt werden möchte, um die Fortschritte bemessen und die etwaigen Lücken wahrnehmen und über deren Beseitigung sich beraten und verständigen zu können, welcher Vorschlag auch ins Leben getreten ist.

Auf diese Begrüßung des Erzherzogs folgte die eigentliche Eröffnungsrede von Seite des ersten Geschäftsführers der Versammlung, Professor Schrötter von Graz, welcher sich hauptsächlich über die wissenschaftlichen Anstalten Steiermarks verbreitete und die Verdienste des Erzherzogs um die Gründung und Ausbildung des Joanneums, des steierischen Polytechnikums und anderer gemeinnützigen Anstalten betonte.

Zwei interessante und ansprechende Vorträge und zwar des berühmten Reisenden in Kaschmir, Baron von Hügel aus Wien über Indien und die Beziehungen der dortigen Tier- und Pflanzenwelt zum Menschen und des Professors Göppert aus Breslau über den Baum, von welchem der Bernstein herrührt (Pinnites succinifera) schlossen sofort die erste allgemeine Versammlung auf würdige Weise.

Man schritt nunmehr zur Bildung der Sektionen und es war für uns sehr erfreulich, daß an die Spitze derjenigen Sektion, für welche wir uns am meisten interessierten, nämlich Geognosie und Botanik, so ausgezeichnete Männer wie von Buch, Peter Merian, Wilhelm Haidinger und Karl Ritter, sodann von Hügel, Hugo Mohl, Göppert und Dr. Fenzl, der bekannte Wiener Botaniker, gestellt werden konnten.
Das Diner wurde im großen Sale des Kolosseums eingenommen und bestand in etwa achthundert Gedecken, da viele Personen aus den höheren Ständen aus Stadt und Umgegend sich angeschlossen hatten. Der Erzherzog erschien mit seiner Gemahlin bei Tafel, einer immer noch hübschen, anmutigen Frau von mittlerer Größe, glücklicher Gesichtsbildung, lebhaftem Teint und sprechendem Auge. In ihrem ganzen Wesen lag der Ausdruck freundlichen Wohlwollens, mit welchem sie auch die Damen der Naturforscher, welche ihr vorgestellt wurden, empfing.
Nach einem Spaziergang wurde der Abend in der den Naturforschern schon zu einer gemütlichen Heimat gewordenen Brauerei des Dr. Bacher, eines Grazer Advokaten, bei gutem Gerstensaft verbracht und manche neue Bekanntschaft eingeleitet.
Am 19. September begannen die Verhandlungen der mineralogisch-geologischen Sektion unter dem Präsidium Leopold von Buchs mit einem Vortrag Professor Glockers aus Breslau, unserm Landsmann, über ein von demselben in Nieder-Schlesien entdecktes, neues Mineral, seines zuckerähnlichen Ansehens wegen von ihm Saccharit genannt.
Bergrat Haidinger aus Wien verbreitete sich sofort in langem Vortrag über Pseudomorphosen, erklärte die Entstehung derselben, beantragte eine neue Einteilung in anogene und katogene nach Maßgabe ihrer Entstehungsart und legte eine Liste der Pseudomorphosen nach diesen Prinzipien geordnet vor. Von so tiefer Sachkenntnis auch dieser Vortrag zeugte, so war er doch etwas ermüdend wegen des ungewöhnlich schwachen Stimmorgans des Vortragenden.
Leopold von Buch erregte durch die Notiz das lebhafte Interesse der Paläontologen, daß er durch Professor Unger auf einige Pflastersteine in Graz aufmerksam gemacht, in denselben *Orthoceras regularis* und Goniatiten gefunden habe, womit er den Vorschlag zu einer geognostischen Exkursion in die Steinbrüche bei Eggenberg verband, um die Lagerstätten aufzufinden und zu untersuchen, welcher allgemeinen Beifall fand.
In der botanischen Sektion zeigte Professor Peter aus Spalato zunächst getrocknete Pflanzen aus Dalmatien vor, die mit ebenso vielem Geschick als Sorgfalt behandelt waren. Ich vermag mich jetzt noch lebhaft an diese herrliche Flora zu erinnern, die

mit dem alpinischen Charakter den üppigen Wuchs der südlichen Zone verbindet. Besonders reich waren die Gentianeen vertreten, die in den lieblichsten Farben prangten. Ich erinnere mich nicht, jemals schönere getrocknete Pflanzen gesehen zu haben.

Dr. Fentzl benützte diese Veranlassung zu einem interessanten Vortrag über die Flora der Küstenländer des Mittelmeeres in ihren charakteristischen Erscheinungen.

Kustos Freyer von Laibach legte, um auch der fossilen Flora Geltung zu verschaffen, treffliche Pflanzenabdrücke von Radoboj in Kroatien vor, die ich hier zum ersten Male kennen lernte.

Professor Göppert hielt sofort einen längeren Vortrag über die anormale Bildung mancher Koniferen, namentlich das Überwallen von Tannenstücken, und wußte diesen sich nicht selten wiederholenden Gegenstand durch die Klarheit und Anschaulichkeit seiner Darstellung sehr ansprechend zu machen.

Dr. Fentzl verteidigte schließlich die scheinbaren Schwächen des natürlichen Systems, ein Vortrag, welcher dem Redner zu vielen scharfsinnigen Bemerkungen Gelegenheit gab und eine anerkennenswerte Umsicht in seinem Fache verriet.

Der Erzherzog wohnte diesen und anderen Vorträgen mit gespannter Aufmerksamkeit bei und schrieb, wie andere Leute, Notizen in sein Taschenbuch. Er ließ sich keinen Platz vorbehalten, sondern setzte sich mitten unter die Zuhörer.

Ich betrachtete oft die eigentümliche Erscheinung dieses seltenen Mannes. Sein Äußeres war so schlicht und einfach, daß nichts den hochgestellten Mann verriet. Nur das mächtige kahle Haupt, die hohe Denkerstirne, das große, blaue, forschende Auge und die ruhige Würde, die auf den stark markierten, hagern Zügen lag, unterschieden ihn von andern Menschenkindern und würden in jeder Stellung die Aufmerksamkeit auf seine Erscheinung gezogen haben.

Neben dem Erzherzog hatten sich auch noch andere Celebritäten bei diesen Vorlesungen eingefunden, so von Hammer-Purgstall, der berühmte Orientalist, eine kaum mittelgroße, feine, ordenbedeckte, diplomatische Gestalt mit schön geformten, geistreichen Gesichtszügen, Karl Ritter aus Berlin, gerade das Gegenteil von dem geschmeidigen Diplomaten, groß, starkgliedrig, ernst und schweigsam und so mächtig schreitend, als hätte er all' die Länder, die er so meisterhaft beschrieben, selbst schon gemessen; Geheimrat Lingg aus Berlin, der Botaniker, ein heiterer Mann und jovialer Gesellschafter, der bei seiner gedrungenen, korpulenten Figur und geröteten Wangen mehr den Habitus eines behaglichen Bierbrauers, als eines Gelehrten zeigte, endlich unsere vaterländische botanische Berühmtheit, Hugo von Mohl, mit langem, rötlichem Haar und ernsten, markierten Zügen, mehr einem Reformator des 16. Jahrhunderts, als einem modernen Gelehrten gleichend.

Nach Tische machte mich Freund Hinterhuber im Garten des Gasthofs zum wilden Mann mit Professor Fürnrohr aus Regensburg, dem Redakteur „der Flora“ bekannt. Fürnrohr, ein freundlicher, geselliger Mann, verkehrte viel mit meinem Vetter, Apotheker Eser in Stadtamhof, gleichfalls einem eifrigen Botaniker, und da ich mich damals viel mit Fürnrohrs Zeitschrift beschäftigte, so war unsere mir sehr willkommene Bekanntschaft bald gemacht.

Sie gab mir auch Veranlassung, einige Wochen später einen verdienten, aber etwas eigentümlichen Gelehrten, den Botaniker D. Faschini in Vigo im Fassatal kennen zu lernen, von welchem Fürnrohr Beiträge für seine botanische Zeitung zu erlangen wünschte, welchen Verkehr ich zu vermitteln versprach.

Dr. Peter aus Spalato machte uns interessante Mitteilungen über seine gefahr- und mühevollen botanischen Exkursionen in den wilden Gebirgen Dalmatiens und später gesellte sich auch Graf Mandelsloh, von Klipstein und die Professoren Zeuschner aus Krackau, Pöppig aus Leipzig, Schimper aus Straßburg und Dr. Stotter aus Innsbruck zu uns und die Unterhaltung wurde höchst anziehend und belehrend.

Mit den meisten dieser Herren wurde ich jetzt und später näher bekannt, so mit Pöppig, dem kühnen Reisenden in Südamerika, dessen Reisebeschreibung an stilistischer Meisterschaft, Klarheit und Anschaulichkeit der Darstellung wohl mit Alexander von Humboldts berühmten Reisebericht verglichen werden darf. Mit Schimper, dem ausgezeichneten Mooskenner, der mir aber hauptsächlich durch seine treffliche Schrift über die Fossilien des bunten Sandstein von Sulzbad in den Vogesen bekannt war, verabredete ich einen Tausch zwischen jenen und unsern vaterländischen Keuperpetrefakten und mit Zeuschner einen ähnlichen Verkehr über Fossilien aus Polen, welche Verabredungen auch zur Ausführung kamen und meine Sammlung wesentlich bereicherten.

Dr. Stotter, einem angenehmen jungen Mann, der zu den Kustoden des Ferdinandeums in Innsbruck zählte, versprachen wir einen Besuch in Innsbruck auf dem Rückwege, welcher aber nicht ausgeführt wurde, weil wir die Straße über Finstermünz wählten. Wenige Jahre später erhielten wir die Trauerbotschaft von dem frühen Tode dieses für die Geologie und besonders die Gletscherkunde seines Vaterlandes Tirol verdienten Mannes.

Die Gesellschaft begab sich nun in die stattlichen Räume des Joanneums zur Besichtigung des zweckmäßig eingerichteten Naturalienkabinetts, welches hauptsächlich den

steiermärkischen Naturprodukten gewidmet ist. Die mineralogische Sammlung, von Mohs geordnet und von dem Erzherzog vorzugsweise begünstigt, ist wohl der bedeutendste Teil der Sammlungen, und besonders reich und ausgezeichnet sind die Eisenerze aus den weltbekannten steirischen Bergwerken vertreten. Mir waren die prächtigen Pflanzenabdrücke aus der Tertiärbildung von Parschlug und jener nebst Insekten und Fischen aus den tertiären Schwefelminen von Radoboj im benachbarten Kroatien, die hier in ausgezeichneter Beschaffenheit aufgestellt waren, das Anziehendste.
Bei dieser Veranlassung lernte ich zwei eifrige Naturforscher, Ferdinand Schmidt, Kaufmann aus Laibach und Friedrich Kokeil, Kameralbeamten aus Klagenfurt kennen. Der eine beschäftigte sich hauptsächlich mit entomologischen Studien, besonders mit der Käferfauna seiner Provinz, während der andere die einheimische Conchyliologie betrieb. Beide waren zum Tauschverkehr bereit und Herr Schmidt bot mir zu Anknüpfung derselben sogleich eine kleine Sammlung seltener Karobiden, die für meine Sammlung sämtlich neu waren. Man versprach sich gegenseitig Verzeichnisse über disponible vaterländische Käfer und Conchylien mitzuteilen, was von meiner Seite auch geschehen ist, aber ohne Erwiderung blieb.

Auf den Abend waren wir zu dem steiermärkischen Musikfest im Kolosseum geladen, das in seiner Eigentümlichkeit einen seltenen Genuß versprach. Erzherzog Johann hatte sechzig der besten Sänger-, Zither- und Zymbalspieler beiderlei Geschlechts aus allen Teilen des Landes zur Konkurrenz einladen lassen und ansehnliche Preise für die besten Leistungen ausgesetzt. Wiederholte Proben waren in Anwesenheit des Erzherzogs, der sich für diese echt vaterländische Produktion lebhaft interessierte, abgehalten worden und man sah mit gespannter Erwartung dem Erfolg entgegen. Aber so klar und hell die trefflichen Stimmen klangen, die namentlich im Jodeln eine bewundernswerte Fertigkeit zeigten und so kunstreich die Zitherspieler ihre einschmeichelnden Weisen vernehmen ließen, das Ganze machte nicht den erwarteten Eindruck. Hätte man die Sänger einzeln oder in kleineren Gruppen im Freien in einer Alpenlandschaft oder die Zitherspieler in einem kleineren Raume in traulicher Gesellschaft hören können, so würden ihre an sich trefflichen Leistungen jedes empfängliche Gemüt entzückt haben, so aber verließ man den Saal nach der Preisverteilung, die der Erzherzog eigenhändig vollzog, nicht ganz befriedigt.

Ein anziehendes Schauspiel war es übrigens für uns, mit welchem natürlichen Anstande diese Söhne und Töchter des Gebirges vor den Erzherzog traten, der jedem Preise freundliche Worte beifügte.

Am 20. September versammelte sich schon frühzeitig die Sektion für Geognosie und Professor Merian, Präsident des Tages, brachte zur Abstimmung: ob man heute, da der Himmel hell und freundlich, die vorgeschlagene geognostische Exkursion nach St. Jakob und den Steinbergen unternehmen wolle. Nach allgemeiner Beistimmung stellte sich der Erzherzog an die Spitze der Exkursion und wählte den Professor Unger von Graz zum Führer.

Da, um zu den westlichen Bergen zu gelangen, vorerst ein Teil der großen Ebene um Graz zurückgelegt werden mußte, so standen bald Gefährte bereit, welche die aus etwa vierzig Personen bestehende Gesellschaft bis auf den Blarutschberg zum Schloß Fürstenhöhe bringen sollten. Der Erzherzog nahm die Herren von Buch, Merian und Karl Ritter in seinen eigenen Wagen auf und die Gesellschaft versammelte sich wieder beim Schloß Fürstenhöhe, wo man eine herrliche Aussicht über das ganze Murtalbecken genießt.

Schon hier zeigte sich in dem Gesteine eines verlassenen Steinbruchs *Calamopora Gothlandica* in zahlreichen Exemplaren, welche selbst von dem Erzherzog eifrig gesammelt und mir, da ich ihm zufällig ganz nahe stand, zur eigenen Auswahl und weiteren Verteilung an die Gesellschaft übergeben wurden. Man sah demnach, daß man es mit der devonischen Formation zu tun habe, die man bislang zum Alpenkalk, der großen Rubrik für die noch nicht verstandenen alpinen Gesteine, gezählt hatte.

Der Erzherzog, der immer unverdrossen an der Spitze des Zuges stand und den geübten unermüdlichen Gemsenjäger erkennen ließ, führte uns nun auf dem hügeligen Plateau durch Wald und Feld auf teilweise beschwerlichen Wegen zu verschiedenen Steinbrüchen, die überall den devonischen Charakter trugen und endlich in die großen Steinbrüche bei Eggenberg, wo die Pflastersteine für die Stadt Graz gebrochen werden. Hier waren einige Steinhauer, welche der Erzherzog vorausgesandt hatte, beschäftigt, schöne Exemplare von Orthoceratiten und Gonitatiten aus dem Gestein zu brechen und zu formatisieren, was der Erzherzog, wenn er mit den Arbeitern sprach, nach dem Sprachgebrauche jener Gegend herauskofeln nannte. Herr von Buch hatte also die undeutlichen Spuren auf den Pflastersteinen von Graz richtig gedeutet und die Gegend mit einer bisher dort unbekannten Formation bereichert, was zu einer allgemeinen lebhaften Akklamation Veranlassung gab.

Unterwegs hatte ich die Bekanntschaft eines sehr gebildeten und ansprechenden Mannes, des Major von Schwarz aus Graz, gemacht, der zum näheren Umgang des Erzherzogs gehörte und mir über die unablässige Tätigkeit dieses merkwürdigen Mannes in Beförderung der allgemeinen Wohlfahrt des steirischen Landes manchen erfreulichen Aufschluß gab. Der Erzherzog selbst war heute wieder in seiner ganzen Schlichtheit und Einfachheit erschienen. Ein graues, viel gebrauchtes Sommerkleid von etwas verjährtem Schnitte, eine einfach zugeknöpfte Weste und eine, dem verwitterten Zylinder Leopolds von Buch ebenbürtige Kopfbedeckung bildete das ganze Kostüm der kaiserlichen Hoheit und wäre man dem einzelnen Manne begegnet, so hätte man leicht versucht sein können, in der langen, hagern, schlichten Gestalt einen vom Glück wenig heimgesuchten Dorfschulmeister zu erblicken.

Mittlerweile war die Zeit weit über die Mittagsstunde vorgerückt und man fühlte allgemein das Bedürfnis einer Erfrischung. Der schlaue Erzherzog hatte über eine solche Anstalt noch kein Wort fallen lassen und schritt von den Steinbrüchen mit aller Unverdrossenheit ins Weite.

Da sprengte ein stattlicher junger Mann auf prächtigem Pferde, gefolgt von einem Jockey, heran, stieg vom Pferde, und nahte sich ehrerbietig dem Erzherzog und lud denselben mit seiner ganzen Gesellschaft zum Diner, das in kurzer Zeit in seinem Schlosse bereit stehen werde, wenn ihm die Gnade eines Besuchs zuteil werden sollte. Das geräumige Schloß stand einladend auf einem benachbarten Hügel und mit gespannter Erwartung sah man der Entschließung des Erzherzogs entgegen. Aber dieser lehnte, nicht zu unsrer Freude die Einladung mit den Worten ab: „Ich muß danken, lieber Baron, denn ich kenne die Vorzüge Ihrer Tafel und Ihres Kellers, Sie würden mich und meine Gesellschaft ganz verwöhnen. Wir sind einfache Naturfreunde, die sich mit einer geringen Erfrischung begnügen." Der Baron bestieg mißmutig sein Pferd und sprengte davon und die Herren aus Graz seufzten über den Verlust der Genüsse, um welche uns der Erzherzog durch seinen Eigensinn bringe.

Bald darauf sagte der Erzherzog: „Ich denke, meine Herren, es ist jetzt doch Zeit, daß wir auch an unseren Magen denken; dort im nächsten Dorfe ist ein ländliches Wirtshaus, das uns schon gewähren wird, was wir bedürfen."

Wir steuerten nun auf das Dorf Steinberg los und trafen auf der Tanzlaube des Wirtshauses zu unserer Überraschung eine gedeckte, reich mit Silberzeug ausgestattete Tafel. Die Dienerschaft des Erzherzogs kam plötzlich zum Vorschein und brachte in mächtigen Flaschen eine Weinsorte von sehr einladender rosenroter Farbe, Schilcher genannt; es war Weinmost vom laufenden Jahre. Der Erzherzog bat mit seiner geringen Bewirtung vorlieb zu nehmen und vorläufig, da es an Durst nicht fehlen werde, das Erzeugnis dieses Jahres zu versuchen.

Wir fanden den rosenroten Saft vortrefflich, die Flaschen waren bald geleert und der Erzherzog rief: Josef, nur schnell wieder Schilcher herbei; er scheint meinen Gästen zu schmecken.

Inzwischen wurde eine Art Suppe aufgetragen in Milch gekocht, Klöße, die uns nicht munden wollten. Der Erzherzog bemerkte, daß dies ein echt steiermärkisches Gericht sei, das wir, da wir einmal im Lande, doch auch kennen lernen müßten und schien sich an unserm nicht ganz zu verbergenden Mißbehagen zu ergötzen. Bald aber erschienen vortreffliche Suppen, das ländliche Mahl verwandelte sich in ein fürstliches Diner mit den feinsten Weinen aus den Versuchsweinbergen des Erzherzogs und über die ganze Tafel verbreitete sich die heiterste Laune.

Professor Merian von Basel, als Präsident der geologischen Sektion, brachte den solennen Toast aus. Er ergriff zunächst die Gelegenheit, dem Erzherzog die dankbaren Gesinnungen seiner Mitbürger für manche der Stadt Basel bei der Belagerung von Hüningen bewiesene Rücksicht und Schonung ihrer Interessen auszudrücken, wollte aber als Bürger eines Freistaats doch nicht unterlassen, einige humoristische Vergleichungen zwischen monarchischen und republikanischen Zuständen einfließen zu lassen und schloß mit warmer Anerkennung der vielfachen, auch von einem Republikaner hoch zu schätzenden Verdienste des Erzherzogs und unsern dankbaren Huldigungen.

Der Erzherzog ergriff sogleich das Wort zur Erwiderung, indem er seine der Schweiz von früher Jugend an gewidmete Vorliebe durch den Umstand erklärte, daß Johannes von Müller sein Lehrer gewesen und bis zu seinem Ende ihm ein vertrauter Freund geblieben. Er ging sodann auf die Zustände Deutschlands über, schilderte die Gefahren, die uns von Westen, besonders aber von Norden drohen und ermahnte zur Einigkeit unter allen deutschen Stämmen in so beredter Weise und mit so echt patriotischen Gesinnungen, daß uns alle tiefe Rührung ergriff und daß wir diesen Moment als einen der bedeutsamsten und unvergeßlichsten im Leben erkennen mußten.

Nach aufgehobener Tafel führte uns der Erzherzog in das Haus eines Bauern, wo wir auf dem Familientische eine große Steinplatte fanden, die deutliche Umrisse von Orthoceratiten und andern Fossilien zeigte. Es war rührend anzusehen, wie die anwesende Bäuerin und ihre Kinder durch den Besuch ihres Prinzen Johann, so wird der Erzherzog überall in Steiermark genannt, sich geehrt fühlten, seine Kleider küßten und wie er in gemütlicher Weise diese Huldigungen erwiderte.

Hier erwarteten uns die Gefährte, die uns nach Graz zurückführen sollten, das wir in heiterster Stimmung am späten Abend erreichten.

Unter den Vorträgen der geologischen Sektion am Morgen des 21. September erschien als der bemerkenswerteste ein Versuch des Dr. A. Boué aus Wien, eine Geognosie der ganzen Erde darzustellen, das Resultat vieljähriger mühsamer Arbeit, welches mit vielen Kartons belegt wurde. Das Unternehmen verdiente Anerkennung als Übersicht des damaligen Standes der Geognosie. Aber diese Wissenschaft war um jene Zeit noch zu jung, um etwas dauerndes erzielen zu können.
Eine Sammlung vorzüglich erhaltener Petrefakten aus den Tertiär- und Kreidebildungen um Lemberg in Galizien legte der dortige Professor Dr. Kuer vor, welche allgemeine Aufmerksamkeit erregten und mit zum erstenmale einen Einblick in die paläontologischen Verhältnisse Polens verschafften.
In der botanischen Sektion unter dem Präsidium Hugo Mohls teilte Dr. Maly von Graz, der bekannte Verfasser einer Flora von Steiermark, seine Beobachtungen über die Natur der Orobanchen mit und begleitete seinen Vortrag mit Vorzeigung von Präparaten, wodurch man manche neue Anschauung über das Wesen dieser interessanten Parasiten erhielt.
Minder bedeutend war der Vortrag eines Herrn Präsens aus Graz über die Flora von Steiermark auf dem Straßenzuge zwischen Wien und Triest, der als bequemes Vademecum eines wandernden Botanikers dienen konnte.
Zum Schlusse sprach Dr. Fentzl über eine armdicke und mehrere Fuß lange Crescenticen-Frucht aus dem Innern Afrikas. Er verfehlte nicht, auch diese Demonstration durch wichtige Bemerkungen über Fruchtbildung sehr belehrend zu machen.
Auf diesen Tag fiel auch die zweite allgemeine Versammlung, die sich durch einen trefflichen Vortrag des Professors von Ettingshausen aus Wien über die Anwendung des Elektromagnetismus als Triebkraft auszeichnete. Es war das Gediegenste, was ich an Vorträgen in Graz vernahm und man wußte nicht, solle man die vollendete Rednergabe oder den Reichtum des Inhalts mehr bewundern. Die lebhaftesten Zeichen des Beifalls begleiteten den Redner von der Tribüne.
Ich muß dabei freilich bemerken, daß ich einen Vortrag des Professor Göppert über den Bernstein und seine Einschlüsse, welcher allgemein gerühmt wurde, wegen der auf jenen Tag gefallenen geognostischen Exkursion nicht gehört habe.
Am Schlusse der allgemeinen Versammlung erfolgte die Einladung des Landesgouverneurs Grafen von Wickenburg auf das Schloß zu einem am Abend dieses Tages den Naturforschern gewidmeten Bankett.

Bei dem allgemeinen Diner im Kolosseum fanden wir diesmal wieder den Erzherzog und seine Gemahlin unter den Teilnehmern. Der hohe Herr war heute besonders guter Laune, er brachte einen Toast auf die anwesenden und abwesenden Frauen der Naturforscher aus mit dem Schlusse, möge jeder der Heimkehrenden ein so liebes Weib zuhause finden, wie das an seiner Seite.

Nachmittags wurde ein Spaziergang um die Stadt gemacht, welcher an der bescheidenen Wohnung des Erzherzogs, einem geräumigen aber einfachen, von Gärten umgebenen Landhause vorüberführte und über die schöne Kettenbrücke, welche Graz zu besonderer Zierde dient, zurückgekehrt.

Man warf sich nun in den besten Staat, um bei dem Bankett in der kaiserlichen Burg anständig zu erscheinen. Den Garten auf dem Plateau des Schlosses traf man brillant beleuchtet. Hier hatten sich die vereinigten Kapellen von drei Regimentern aufgestellt, die von Zeit zu Zeit die gewähltesten Musikstücke mit der der österreichischen Militärmusik eigenen Präzision und vollendeten Technik vortrugen, bei der großen Anzahl der Musiker ein seltener Genuß. Durch ein Doppelspalier der im Vestibul zahlreich aufgestellten reich galonierten Hausbeamten und Lakaien betrat man den Empfangssaal, wo der Gouverneur Graf Wickenburg und seine Gemahlin ihre Gäste im Namen des Kaisers, der den Naturforschern dieses Festmahl geben ließ, begrüßten. Es war ein noch jugendliches, hocharistokratisches Paar von bemerkenswerten körperlichen Vorzügen, groß, schlank, von einnehmenden Gesichtsbildungen und vornehm graziöser Haltung.

Es bildeten sich nun Gruppen im Saale, der Erzherzog erschien mit der Herzogin von Berry am Arme, während seine Gemahlin von einem Kavalier geführt wurde. Der Kontrast zwischen diesen Damen war nicht gering, indem sich die Herzogin, eine korpulente Gestalt mit hinkendem Beine, durch ihre auffallende Unschöne und die Baronin Brandhof durch anmutige Liebenswürdigkeit auszeichnete. Auch der Erzherzog hatte sich diesmal in feierliches schwarzes Kostüm geworfen und trug zum erstenmal ein rotes Ordensband auf weißer Weste.

Die Aufmerksamkeit richtete sich jetzt auf den Eingang, wo Leopold von Buch erschienen war, aber von einigen jüngeren Freunden sogleich in ein Nebenkabinett geführt wurde. Der alte Herr, dessen lange vergeblich erwarteter Koffer endlich angekommen war, hatte sich heute recht stattlich herausgeputzt und, was bei ihm ein höchst seltener Fall war, sogar zwei höhere Ordenszeichen um den Hals gelegt. Da er aber eines Kammerdieners entbehrte, so hingen die Bänder hinten über den Rockkragen, was glücklicherweise noch rechtzeitig von seinen aufmerksamen Jüngern bemerkt wurde, welche nun beflissen waren, die mangelhafte Toilette zu korrigieren. Sofort betrat er in ganz korrekter Kostümierung den Saal und wurde mit Auszeichnung empfangen.

Die Gesellschaft zerstreute sich nun in die anstoßenden Prunkgemächer, wo zahlreiche Albums zur Beschauung bereit lagen und eine reiche Gemäldesammlung die Wände schmückte. Unter denselben bemerkte ich eine bedeutende Anzahl wertvoller altdeutscher Bilder, was auf eine vorurteilslose Kunstkennerschaft des Besitzers schließen ließ.

Hier wurde nun Tee serviert, bald aber in den Bankettsaal aufgebrochen, welcher in dem salonartig gebauten Gewächshaus, das durch zwei neue Flügelbauten eine Erweiterung erhalten hatte, etabliert war. Das Büffet war mit kaiserlicher Pracht und Reichhaltigkeit ausgestattet und bot einen überraschenden Anblick. Zwei Hirsche und zwei Gemsböcke, scheinbar mit Haut und Haar aufgestellt und mit gebratenen Fasanen, Truthahnen und anderem Geflügel verziert, bildeten großartige Gruppen, an welche sich prächtige Pyramiden von Südfrüchten und unzähligen Flaschen mit den köstlichen Steiermarker Weinen aus den Rebgeländen des Erzherzogs reihten.

Aber für mehr als siebenhundert geladene Gäste zeigte sich die Räumlichkeit doch zu klein, denn trotz aller Fülle der dargebotenen Erquickung war anfänglich doch wenig zu erhalten. Man drängte sich fast mit Gewalt durch den Saal um einen Platz zu finden, denn die Tische waren schnell besetzt und viele Heimatlose schmachteten nach einem Glase Wein und einiger Speise. Endlich gelang es von Steffelin und mir unter einem Orangenbaum Posto zu fassen und einer Flasche Wein nebst einiger kalten Küche habhaft zu werden.

Ganz unerwartet nähert sich uns der erste Geologe Europas, Leopold von Buch, ein Tellerchen mit geringem Vorrat und ein leeres Glas bei sich führend. Gut, daß ich Sie finde, lieber Eser, sagte er, mich plagen Hunger und Durst und ich alter Mann weiß mir in dem Gedränge nichts zu verschaffen, wollten Sie sich nicht ein wenig meiner annehmen. Ich sorge schnell für einen Stuhl, eile zum Büffet und erobere eine Flasche trefflichen Rießlings und ausgesuchte kalte Küche und übernehme nun die Rolle des Truchseß und Mundschenken bei dem alten Herrn, der sich äußerst behaglich fühlt. Wir lassen den Erzherzog, Alexander von Humboldt und Graz mit allen Naturforschern hoch leben und sind guter Dinge.

Bald gesellt sich eine zweite, hohe Celebrität, Karl Ritter, zu uns, der ernste Mann, der aber heute auch der allgemeinen Heiterkeit huldigt und bald wird der Kreis unter dem

Orangenbaume immer größer, denn Bernhard Cotta, sein Bruder und andere jüngere Geologen, welche Leopold von Buch vermißten und ihn hier finden, schließen sich an und es wird den Altmeistern der Geologie und Geographie unter den lebhaftesten Huldigungen kräftig zugesprochen.

Mittlerweile beginnen Züge der steierischen Sänger und Sängerinnen nach der Musik von Bergknappen aus Vordernberg, die von dem Erzherzog berufen, in ihrer malerischen Tracht erschienen waren. Bald werden ländliche Tänze aufgeführt, bald Alpenlieder gesungen, bei welchen die Jodler ihre höchste Virtuosität entwickeln.

Steffelin und ich hatten die Gesellschaft unter dem Orangenbaum verlassen, um den Festzug der Landleute und Bergknappen mit anzusehen und ergötzten uns an dem innigen Wohlgefallen des Erzherzogs, welches er den Leistungen seiner Steiermärker widmete.

Später unterhielt ich mich mit Professor Franz Unger, jetzt in Wien, dessen Bekanntschaft ich bei der geognostischen Exkursion gemacht hatte, über paläontologische Gegenstände, besonders über die fossilen Pflanzen der Flyschbildungen, die ihn lebhaft interessierten und von welchen ich ihm gegen Fossilien von Parschlug und Radoboj mitzuteilen versprach, was auch geschehen ist.

Die Mitternachtsstunde war längst überschritten, wir fühlten, daß es Zeit zum Aufbruche sei und zogen uns in das Schloß zurück. Als wir uns eben zum Heimgange anschickten, sahen wir noch, daß auch unser alter Herr zum Teetisch geführt wurde; er schien lange, vielleicht zu lange unter dem gefährlichen Baume mit den goldenen Früchten verweilt zu haben.

Wir haben nun in Graz des Interessanten und Guten so viel gesehen und genossen, daß unsere Abreise nach Triest auf den folgenden Tag beschlossen wurde. Als ich schon ziemlich früh mit den Reisevorbereitungen beschäftigt war, stürzte plötzlich mein Barbier, ein etwas exaltierter junger Ungar, in das Zimmer und sagte in höchster Aufregung: ich hab' die Tür verfehlt und bin in das anstoßende Zimmer geraten, da liegt einer in seinem Blute.

Unser Schrecken war nicht gering, denn neben uns wohnte kein anderer, als Leopold von Buch.

Ich eilte augenblicklich nach dem Zimmer, fand aber die Türe jetzt verschlossen. Dies beruhigte mich einigermaßen, denn in dem Zustande, wie ihn der überschwängliche Barbier schilderte, hätte der alte Herr wohl schwerlich die Türe schließen können. Doch begab ich mich unverweilt zu Graf Mandelsloh, als dem ältern Bekannten von

Buchs und erzählte ihm den Vorfall. Dieser wurde nach Nennung seines Namens sogleich eingelassen und der Unfall reduzierte sich auf einige Blutspuren auf dem Boden und eine Schramme auf der Nase des alten Herrn; im Übrigen befand er sich wohl. Mandelsloh gab sich alle Mühe, auch die Gemütsstimmung des trefflichen Mannes wieder zu beruhigen, denn diese war so erschüttert, daß er die ernstliche Frage an ihn richtete: sagen Sie mir, Graf, habe ich meine Ehre verloren? und es gelang ihm endlich, auch das moralische Gleichgewicht wieder herzustellen. Doch wollte sich der alte Herr wegen der Entstellung im Gesichte nicht mehr sehen lassen und reiste noch am selben Tage nach Wien ab.

Auf mich soll er nicht gut zu sprechen gewesen sein: Der Eser, habe er gesagt, ist an Allem schuld, der hat mir mit dem starken Weine zugesetzt. Dies war ein wenig undankbar, denn ich hatte dem von mir so hochverehrten Manne, als er ermüdet und verlassen zu mir trat, nur die nötige Labung gewähren wollen, was er weiter, und etwa zu viel tat, war seine eigene Sache. Auch trug ers mir nicht nach, denn als ich ihn nach Jahren wieder und zum letztenmale sah, zeigte er die alte Freundlichkeit.

Nachdem wir uns noch die von den Ständen Steiermarks jedem Teilnehmer an der Versammlung als ein Andenken gewidmete schöne Bronzemedaille mit dem wohlgetroffenen Bildnis des unvergeßlichen Erzherzogs abgeholt hatten, verließen wir endlich das uns so lieb gewordene Graz um elf Uhr Mittags und wandten uns gegen Marburg.

Humorvolle Erinnerungen eines Unbekannten an die 19. Versammlung in Braunschweig 1841

(Aus: Die 19. Versammlung deutscher Naturforscher und Ärzte zu Braunschweig, im September 1841, und deren Charaktere, Situationen und Forschungen. Ein humoristisches Album für die Mitglieder, Theilnehmer, Freunde und Freundinnen der Versammlung. Leipzig. Kollmann 1842. 134 S.)

Vorbereitungen

Als im Jahre 1840 in der Stadt Erlangen die September-Versammlung deutscher Naturforscher und Aerzte die Wahl eines neuen Zusammenkunftortes unternahm, als in Folge derselben die alte und ehrenhafte Stadt *Braunschweig* genannt und bestimmt wurde, ja! als die Kunde davon nach der Welfenstadt gelangte — da bemächtigte sich eine freudige Begeisterung aller Gemüther. Die Braunschweiger Aerzte jubelten und suchten schnell nach interessanten Kranken, die sich zum Präsentiren eignen könnten, die einzelnen Braunschweiger Naturforscher quälten ärger als zuvor Katzen und Kaninchen, um physiologische Entdeckungen zu machen, oder durch Galvanismus den künstlich erregten Staar zu lösen, oder auch sie schlugen die Felsen und Steine der Umgegend entzwei, um dem erwarteten Leopold von Buch die Spuren Pluto's und Neptun's vorzeigen zu können. Es war eine Beweglichkeit in die Leute gefahren, daß kaltblütige Beobachter Sorge trugen, die Präparanten möchten ihre Gesundheit aufreiben und sich für die Septembertage invalide machen. Der grundgütige Himmel weiß aber das Unmögliche möglich zu machen und er stärkte nicht nur die beiden Geschäftsführer der Versammlung bei ihren tausenderlei minutiösen Anordnungen, sondern beseelte auch das forschlustige Publikum mit einem wissenschaftlichen Gemeingeiste, wie er nur allein im Stande ist, Großes und Schönes zu erfüllen.

Die Geschäftsführer hatten bei der hohen Regierung und den städtischen Behörden eine sehr bereitwillige Aufnahme gefunden, bedeutende Summen waren bewilligt, um die nöthigen Lokale zu dekoriren und öffentliche Sammlungen, Institute und Curiositäten in Ordnung oder in einen sonntäglichen Staat zu setzen; hier und dort sah man Handwerker beschäftigt, das Unschöne zu verschönen, das Schadhafte auszubessern, das Militairhospital zog eine neue Montur an, das Museum wurde neu in Lack und Licht gesetzt, die anatomischen Cabinette gossen neuen Spiritus auf und selbst die „Kröppelstraße“ wurde neu gepflastert.

Das Publikum wußte anfangs nicht recht, was es eigentlich von der Versammlung zu erwarten habe; man nannte sie „Naturforscherfest“ auch wol „Musikfest“, weil gleichzeitig Schneiders Weltgericht executirt werden sollte, und weil überhaupt das für die Forscher bestimmte Lokal, eine Kirche, zu sehr in der braunschweigischen Ideenassoziation den Begriff eines Musikfestes einschließt. Als aber endlich bei den Landesanzeigen das vorläufige Programm der neunzehnten Versammlung der Naturforscher und Aerzte gedruckt erschien und neben den strengen Oken'schen Statuten noch moderne Zusätze über Nichtforscher, Damen, Abendunterhaltungen, Symposien und ähnliche Sehenswürdigkeiten zu lesen waren, da gewann das Publikum rasch Zutrauen zu den Naturforschern und man überredete sich, daß diese gelehrten Leute doch nicht allein deßwegen kommen würden, um die Lazarethe, Cabinette, Felsenschlüchte oder Wälder durchzuschnuppern und Frösche oder Katzen lebendig zu zerschneiden, sondern daß diese Herren auch tanzen, Wein trinken, Cour schneiden und interessant sein könnten. Der lebhaften Blondine fuhr rasch die hübsche Gestalt eines jugendlichen, ledigen Naturforschers durch den Sinn, der Papa erinnerte sich, daß dieser und jener Professor eine Frau, bei Gelegenheit der Naturforscherversammlung zu Hamburg, aus einer dortigen guten Firma mitgenommen habe und man versicherte sogar, daß die Versammlung in Pyrmont nicht ohne Einfluß auf die Jungfrauen der Gegend geblieben sei. Solche Auspizien machen zutraulich und wie hätte auch der Menschenkenner (der doch jeder Naturforscher sein soll) nicht gern die Hoffnungen erfüllen helfen, welche auf so liebliche Weise von den Einwohnern einer gastfreien Stadt gehegt wurden.

Am 14. September sollte das Empfangsbüreau für die Fremden und damit zugleich die Einlösung der Legitimationskarten eröffnet werden. Einige Wochen vorher hatte eine Privatcommission bereits Wohnungen durch die öffentlichen Blätter zum Behuf eintreffender Forscher und Aerzte nachgesucht und in der Stadt circulirte vielfältig das Programm für die kommenden Tage.

Aufruf an die Bevölkerung Braunschweigs, die Gesellschaft würdig zu empfangen

Hier habe ich das „*Programm zur neunzehnten Versammlung der deutschen Naturforscher und Aerzte zu Braunschweig im Monat September 1841*". Es lautet also: —

§. 1. „Nach den Statuten bezweckt die Gesellschaft der Naturforscher und Aerzte Deutschlands durch ihre Versammlungen den Mitgliedern derselben Gelegenheit zu verschaffen, sich persönlich kennen zu lernen. *Wirkliches* Mitglied mit dem Rechte der Abstimmung ist nur der *Schriftsteller* im naturwissenschaftlichen und ärztlichen Fache, wobei aber eine Inauguraldissertation nicht genügt. Als *außerordentliche* Mitglieder der Gesellschaft ohne Stimmrecht können jedoch auch diejenigen den allgemeinen und Sectionsversammlungen beiwohnen, welche sich in einem der genannten Fächer wissenschaftlich oder praktisch beschäftigen."

§. 2. „Um die, für die fremden Gelehrten erforderlichen Wohnungen und deren Miethpreise zu erfahren, hat ein hochlöblicher Magistrat das Publikum zur Meldung disponibler Wohnungen aufgefordert, diese dann mit Bemerkung der Preise in Klassen getheilt, verzeichnet und den Geschäftsführern zur Verfügung gestellt."

§. 3. „Wegen der Miethpreise ist in Bezug auf Privatwohnungen Folgendes bestimmt: Die Berechnung geschieht nach Tagen, wobei, wenn die Wohnung nur 1 oder 2 Tage benutzt wird, Zahlung für 4 Tage; wenn 3 bis 4 Tage, Zahlung für 5 Tage; wenn 5—6 Tage, für eine ganze Woche in billige Berechnung zu bringen erlaubt ist."

§. 4. „Zum Empfange der fremden Naturforscher und Aerzte, so wie zur Anweisung der zur Disposition gestellten Wohnungen, zur Einhändigung der Legitimationskarten u.s.w. ist im Herzogl. Beverschen Schlosse ein Büreau eingerichtet, in welchem sich die Geschäftsführer oder Substituten derselben vom 14. September an zu jeder Tageszeit aufhalten werden."

§. 5. „Als Beitrag zu einer Vergütung der Druck- und übrigen Kosten zahlt jedes wirkliche oder außerordentliche Mitglied 1 Thaler 12 Gr. Courant gegen Aushändigung der Legitimationskarte; wogegen dasselbe einen Abdruck des Programms sofort, desgleichen die Tagesblätter, wie solche täglich erscheinen, später aber den Bericht über die Versammlung unentgeltlich erhalten wird."

§. 6. „Die *allgemeinen* Sitzungen finden Statt in der zu diesem Zwecke eingerichteten St. Aegidienkirche, am 18. 22. und 24. September, Vormittags von 10 bis 1 Uhr. Die Mitglieder nehmen diejenige Nummer der Plätze ein, welche sich auf ihren Karten verzeichnet befindet."

Privatquartiere für Naturforscher

„Aber mein Himmel! rief der Secretair, was wollen Sie?
Kann ich Nationen aus der Erde stampfen,
Wächst mir ein Forscher in der flachen Hand?"

„Ich verlange meinen Naturforscher," wiederholte zornig die Frau. „Glauben Sie, daß ich umsonst neue goldene Gardinen anschaffe und ein neues Waschbecken kaufe? Mein Tochter, die auf's Land wollte, habe ich zu Hause behalten, um dem Naturforscher aufzuwarten, unsere Magd hatte schon auf das Trinkgeld für's Ausfegen und Bettmachen kleine Klippschulden gemacht und jetzt sollten wir keinen Naturforscher haben?"

„Wie gesagt! Madame, es treffen noch stündlich Fremde ein, ich will besonders an Sie denken." —

„Na gut, das verlange ich," sprach die Frau. „Ich brauche gerade nicht den Allerklügsten, denn Gelehrte sollen oft etwas vom Strich haben, aber er muß zahlen können,

lieber Gott, wir übertheuern keine menschliche Seele! — Hören Sie, wenn er auch nur halbgelehrt ist, aber haben muß ich Einen."
Der Secretair versprach sein Möglichstes zu thun und die Vermietherin trollte etwas zufriedengestellt davon. —

Die „Inscription" der Teilnehmer vor der Tagung

Folgen wir nun den Ereignissen mit historischer Strenge und gehen wir zunächst in das Empfangbüreau, welches die Geschäftsführer, der Geheimrath v. Strombeck und der Doctor med. Mansfeldt, im Herzogl. Beverschen Schlosse eröffnet haben.
Der erste Mann, welcher früh Morgens in das Büreau trat, noch ehe die weißen unberührten Listen in gehöriger Ordnung lagen, trug Schuhe und Strümpfe, ein geröthetes, spitz zugeschnittenes Gesicht, glattes, nach vorn gewöhntes, braunes Haar und eine schwere Brille vor lebhaften, gleich Erz funkelnden Augen.
„Die Liste!" — sprach er kurz und kalt; der Geschäftsführer reichte ihm das Heft und wies, den Fremden musternd, auf Nro. 1. — Der Unbekannte schrieb langsam und mit gelind zitternden Zügen seinen Namen und legte die Feder fort. Der Gehülfe des Geschäftsführers hatte den Namen in der Ferne nicht erkannt und bemerkte höflichst, daß auch die Rubrik „Stand und Würde" auszufüllen sei. — Der Fremde murmelte, weigerte sich und wollte davon schreiten. Der Secretair zog neugierig die Liste näher und hielt sie nach flüchtigern Blicke dem Geschäftsführer vor, welcher überrascht den Fremden als Leopold von Buch anredete.
So war denn ein berühmter Namen an die Spitze der Liste gestellt als eine schöne Vorbedeutung, daß deren mehre in der einfachen Erscheinung anklopfender Fremden folgen würden. Der Umstand, daß die Platznummer sich nach fortlaufender Zahl der Liste richten sollte, hatte aber die in Braunschweig wohnenden Aspiranten gleich am ersten Eröffnungsmorgen in das Büreau getrieben und so geschah es denn, daß bald die ersten Columnen mit Namen Einheimischer und den Naturwissenschaften entfernt Stehender angefüllt waren.
Es bestimmte dieses die Secretaire, einige Seiten für die Fremden offen zu lassen, damit diese bei dem wachsenden Andrange einheimischer, plötzlich hervortretender Naturforscher nicht ganz an die Thür des Versammlungssaales zu sitzen kämen. Eben war diese Maßregel durch den assistirenden Dr. Magnus in's Leben getreten, als ein kleiner, freundlicher Mann mit blondem Haar, rothen heiteren Wangen, lächelndem Auge und

Munde, mit spitzaufstehender Nase und einem Sammtkäppchen auf dem Scheitel in das Zimmer trat und mit liebenswürdiger Bescheidenheit sich einzeichnete.
Es war der Oberalter Röding aus Hamburg, der bekannte und freundliche Besitzer des Museums für Natur und Kunst, den jeder Naturforscher in Hamburg gern aufsucht und dessen Kabinet, wenn auch von den Einwohnern nicht hinreichend geschätzt und benutzt, doch zu einer Zierde der wissenschaftlichen Anstalten der Hanse gehört. Röding ist eine liebenswürdige Persönlichkeit, überall gefällig, lernbegierig, aushelfend durch seine Erfahrung und äußerst anspruchslos. Er zahlte, was man ihm vorrechnete, die Legitimationskarte, die Entrés in Schneiders Weltgericht, und außerdem hatte der „große Clubb" noch Einladungskarten für jeden Fremden ausgelegt, welche Lust haben sollten, die „Weltliteratur" neben einer Tasse Kaffee zu durchblättern.
Mit jeder Stunde nahm der Zudrang der zur Theilnahme an den Versammlungen sich Meldenden zu; aber immer spärlicher wurde die Zahl der Fremden, und der Leute von Fach, immer bedenklicher schwoll die Liste an von Kaufleuten, Juristen, Offizieren, Geschäfts- und Gewerksleuten. Sobald die Thür aufging, blickten die Büreausecretaire ängstlich nach der Physiognomie des Eintretenden und sondirten heimlich ob hinter dem bekannten Rocke ein nagelneuer Naturforscher stecke; hatten sie aber glücklich einen Fremden herausgefunden, dann freueten sie sich im Interesse der guten Sache ganz unbändig und räumten ihm den möglichst aufbewahrten Platz auf den ersten Seiten der Liste ein. Ehre und Dank sei den guten Secretairen gebracht! —
Je näher aber die Zeit der Eröffnung der Versammlung kam, desto zahlreicher fanden sich die Fremden ein und mancher berühmte Name fand auf der Liste seinen Platz. Dessen ungeachtet glaubte aber ein Jeder, welcher Wilmsen's Naturgeschichte besaß, ein Recht zum Beitritte vindiziren zu dürfen.

Empiriker und Theoretiker, echte, halbechte und unechte Naturforscher

Ein stiller Beobachter will die Bemerkung gemacht haben, daß die wahren, berühmten Männer sich mit einer gewissen Unscheinbarkeit im Empfangsbüreau gemeldet und dagegen die Halbforscher, Profanen und Provinzialcelebritäten durch heftiges Gespreize sich erkennbar gemacht hätten. Diese anthropologische Beobachtung wird um so wahrscheinlicher, als ein ächter Forscher eigentlich die äußere Welt gar nicht kennen soll, sich immer in seiner Welt der Ideen oder doch seiner subjektiven Anschauungen zu bewegen hat und so, an der Wurzel der letzten Gründe sitzend, experimentirend die Weltdetails nur in zerrissenen Fetzen, also *unverständlich*, in die Hände bekommt.

Man nennt diese ächten Forscher gemeinhin „Empiriker" und unterscheidet sie von jenen philosophischen Schwärmern, welche sich nicht ein Spinngewebe über eine isolirte Erscheinung spannen, sondern durch die ganze Welt fliegen und das Ganze überschauen wollen. Selbst bei dem Einschreiben in die Liste der Naturforschergesellschaft vermochte man leicht die Empiriker zu erkennen. Sie sind fast alle kurzsichtig vom Spähen durch das Mikroskop, sie untersuchen zuvor das Dintenfaß und dessen innere qualitative und quantitative Eigenschaften, ehe sie die, auf dem Daumennagel probirte Feder eintauchen, während des Schreibens ihres Namens achten sie bedächtig auf den Ausdruck jedes einzelnen Buchstabens, weil sie wissen, daß ein Ganzes aus Atomen besteht und das Ganze darin reale Existenz habe; sie finden auf dem Papiere eine Unebenheit, einen Fleck und stellen sogleich Beobachtungen an, ob hier ein wässriges oder feuriges Moment eingewirkt habe, sie legen die Feder behutsam aus der Hand, längst wissend, ob aus dem rechten oder linken Gänseflügel, sie lecken an dem Finger, ob vielleicht ein Dintenfleckchen sauer oder bitter schmecke und sogleich wissen sie, daß entweder Eisenvitriol oder Gallapfel dazwischen ist.
Ganz anders treten die philosophischen Forscher, welche man auch spottweise „Theoretiker" nennt, in das Empfangsbüreau. Gewöhnlich tragen sie keine Brillen und ihre Augen sind flüchtig; den Hut setzen sie so nahe auf die Stuhlkante, daß er ohne bemerkt zu werden, herunter fällt, sie ergreifen die Feder, stoßen in das Dintenfaß und markiren ihren Anfangsbuchstaben mit einem dicken Kleckse, wodurch immer etwas Allgemeines ausgedrückt wird; sie verrechnen sich beim Bezahlen der Legitimationskarte und vergessen die Karte zum „großen Clubb" oder sagen nicht Adieu. —
Alle ächten Naturforscher zerfallen in die beiden Klassen der Empiriker und Theoretiker. Nicht allein in den Sectionen stehen sie einander gegenüber, sondern auch, wenn nach der Karte gespeist wird. Die Empiriker essen nach Erfahrung und Sinneseindruck, die Theoretiker essen nach Systemen; erstere z. B. fordern Kalbfleischfrikasseé, Brot und Lafitte, letztere Suppe, Gemüse und Fleisch, Backwerk und Wein; — erstere unterhalten sich mit ihrer schönen Nachbarin, weil sie ansprechende Details hat, letztere nur, weil sich ihnen der Begriff des Weibes konkret darbietet. Nur in einem einzigen Momente vereinigen sich diese beiden Gegensätze zu einem gemeinschaftlichen Ganzen, nämlich wenn der Champagner auf den Tisch kommt, doch zersplittert auch diese Synthesis zu neuen Antithesen mit dem Erscheinen des Kaffeés und der Cigarren, denn nur Theoretiker rauchen und nicht die Empiriker, die es sich abgewöhnt oder gar nicht angewöhnt haben, weil ihr minutiöses Material darunter leidet.

Außer diesen zweigliedrig sich verhaltenden, *ächten* Forschern bietet eine Naturforscher- und Aerzte-Versammlung aber noch andere Klassen dar. Wir nennen sie 1) die *Mitläufer*, d. h. solche, welche erst auf dem Wege sind, berühmt zu werden und sich schon entweder empirisch oder theoretisch kleiden oder noch in Zweifel bleiben, wozu sie sich, der guten Sache wegen, schlagen sollen; man verwechselt sie leicht mit den ächten Forschern; — 2) die *Kundschaftpraktiker*, welche „der öffentlichen Meinung" wegen die Versammlung „mitmachen" müssen; — 3) die *Provinzialauctoritäten*, welche mit einem furchtbaren Hahnengeschrei in die Versammlung treten und sich über fehlerhafte Tendenz der Gesellschaft und Nichtbefriedigung beklagen; — 4) die *Vergnügungssüchtler*, welche während der Section keine Zeit haben und leider nur gezwungen sind, Diner, Casino und gemeinschaftliche Parthien mit zu genießen; — 5) die *Nichtforscher*, welche „Verhältnisse halber" an der Versammlung Theil nehmen; — 6) die *Tänzer*, welche, (da wahrhafte Naturforscher und Aerzte gar nicht tanzen) auf den abendlichen Bällen diejenigen Damen erretten müssen, welche die Saalwände dekoriren helfen; — 7) endlich die *Neugierigen* und *Ueberflüssigen*, über die nichts gesagt werden kann. —

Die Vermischung aller genannten Klassen giebt einer Versammlung der Naturforscher und Aerzte erst das Interessante, Sinnlich-Anregende. Ohne dieses wäre eine solche Versammlung fade, monoton — ja sogar „gelehrt!" — was in der heutigen Welt soviel heißt als „langweilig" oder mindestens „unpassend." Freilich will die Dorfzeitung, in einer ihrer Nummern vom Anfange Octobers, behaupten, Oken wolle als Gründer der deutschen Naturforschergesellschaft keine ihrer Versammlungen wieder besuchen, weil die Tendenz ausgeartet sei, doch müssen wir gerade darauf erwidern, daß die heutige Form der Versammlung dem Hauptzweck derselben *„sich persönlich kennen zu lernen"* am allersichersten und direktesten entspricht. Jeder Naturforscher weiß, daß man sich am schnellsten beim Essen und Trinken und Tanzen kennen lernt, daß der gelehrte Discours im Gegentheile größtentheils aus einander bringt und heißes Blut oder Reizbarkeit erregt, und warum soll man auch gelehrte Diskussionen führen, da man dieses besser im Hause und in Journalen thun kann und das gelehrte Sich kennen lernen in die Literatur gehört, wo sich die Leute am Weitläufigsten expektoriren! — Es haben auch mehre Forscher, welche die Welt und deren Wünsche kennen, bereits den Vorschlag gemacht, die allgemeinen Versammlungen, außer der Abfertigung allgemeiner Geschäfte des Institutes, nur für humoristische, pikante oder ironischgelehrte Vorträge zu bestimmen und alles streng Gelehrte in Privatzusammenkünfte zu verweisen, ein Vorschlag, welcher bereits von Mehren praktisch ausgeführt wurde, und wobei das gemischte Publikum immer nur gewinnt, da man aus physiologischer Erfahrung weiß, daß die Anhörung lustiger Vorträge weit weniger, als die streng didaktischen, zum materiellen Hunger reizt. —

Die „Gebrüder Weber"

Am entfernteren Tische in demselben Zimmer sitzen drei Männer, eifrig essend und eifrig sich unterhaltend. Ein gemeinschaftlicher Familienzug geht durch ihr Gesicht, obgleich ihre Persönlichkeiten sich wesentlich unterscheiden. Wir nennen dieses Kleeblatt im Allgemeinen *„die drei Webermeister"* (so nannte sie der Hamburger Physikus Buck), gewöhnlich kennt man sie auch unter der Firma *„die Gebrüder Weber."* Der ältere, E. H. Weber, der Leipziger Professor und berühmte Anatom, hat ein munteres, rundes, sächsischgutmüthiges Gesicht, mit offnen, großen, stark gewölbten Augen, stumpfer, nach Oben inklinirter Nase und allezeit streitfertigem Munde. Leichte Blatternarben, die auch der Entwickelung eines guten Backenbartes hinderlich geworden sind, schattiren das gelehrte Gesicht mit grauem Lichte und das blonde, glatt nach hinten und hinter die Ohren dressirte Haar geben ihm, mit Hülfe eines weißen, niedrigen Halstuches und eines ernsthaft schwarzen Anzuges, ein etwas magisterhaftes Aeußeres. Eine im Stillen reflektirende Dame wollte ihn für einen Theologen halten. Weber ist sehr lebhaft und versteht mit seiner hellen, penetrirenden Stimme das Gespräch zu beherrschen; wenn er ironisch oder schneidend wird, verliert doch sein Mund den lächelnden, in gelehrten Diskussionen oft schadenfrohen, Zug nicht und die glänzenden, starken Augen schlagen rechts und links hin. Er mußte kurz vor seiner Ankunft sich viel mit dem Biber abgegeben haben, denn er erzählte sehr lebendig von einer Entdeckung, die er am Biber gemacht habe, und die ich nicht nennen will, weil die Damen *solche* entdeckte Verborgenheiten nicht lieben.

Anders verhält sich sein Bruder E. F. Weber, der Prosektor aus Leipzig. Er ist still, äußerst bescheiden und läßt die Leute erst an sich kommen. Das stechende, etwas beschattete Auge sieht gewöhnlich von Unten auf, Gesicht und Blick erscheinen erhitzt, das Haar unordentlich übereinandergefallen, wie es der Fall zu sein pflegt, wenn Jemand anhaltend anatomische Präparationen gemacht und, sich vergessend, kopfbückend, nahe auf den Gegenstand geblickt hat. Er trägt einen krausen Backenbart, den eine sehr schöne Braunschweigerin sich ganz weg wünschte, um nicht in ihrer stillen Betrachtung gestört zu werden.

Ganz ohne Bart, von mädchenhaft, sanft in Mund und Nase aufgeworfenem Gesichte, durch eine leichte goldne Brille unterbrochen, erscheint der dritte Bruder, W. Weber, einer jener sieben Göttinger Professoren, welche eine politische Rolle spielten. Der kleine, bewegliche, lebhaft redende Mann ist, wie seine erste, flüchtige Erscheinung schon verräth, ein wahrer Forscher, ein beobachtendes Talent. Der große Physikus zeigt sich in der Behendigkeit des Blickes und der Bewegung und seine anspruchslose, tiefe Gelehrsamkeit steigt in der Achtung aller Anwesenden um so höher, als sie eben am wenigsten beachtet sein will.

Über „Celebritäten"

Wenn man bedeutende Personen, die uns bisher nur reingeistig beschäftigten, in vertraulicher Situation beisammen sitzen und nun gar Kalbsbraten und Kartoffelnsalat essen sieht, dann fühlt man einen inneren Zug des Herzens, der uns erhebt und anregt. Wir, die wir glaubten, jene Celebritäten könnten unmöglich so leben, wie wir, sie müßten entweder nur Nervengeist, Galvanismus und Licht trinken, oder als Kritiker von dem Ruhme ermordeter Geister zehren, wenn man sie jetzt Wein trinken sieht, den sie noch obenein mit 16 baaren Groschen bezahlen, und Kartoffelnsalat essen mit starkem Pfeffer — ja, wenn man endlich sieht, wie jene hohen Geister sich mit einer Dame blinzelnd unterhalten, die gewöhnliche schlichte Menschen schön finden — dann sagt uns eine innere Stimme: daß auch wir doch vielleicht noch mehr könnten, als essen, trinken und karressiren und gar selbst einen berühmten Nimbus hätten, ohne es zu wissen. — Darin mag wol der psychologische Grund liegen, warum eine so große Zahl außerordentlicher Mitglieder der Naturforscherversammlung sich für Celebritäten gehalten hat und von den großen Entdeckungen der Wissenschaft, die um und neben Jedermann verhandelt wurden, so sprach, als hätte sie Alles selbst mit zu Tage gefördert. Wenigstens war ein Beispiel dieser Art überraschend, indem ein Fabrikant, welcher der chemischen Section beigewohnt und in seiner persönlichen Wirkungssphäre niemals von Wissenschaft gehört hatte, einem berühmten Naturforscher, mit zutraulichem Schlage auf die Schulter, zuflüsterte: „Mein Herr! wir haben in unserer Section herrliche Experimente fabricirt — Coaks Batterie, Parbleu! ist ein gutes Fabrikat! — Coaks habe ich auch in meinem Hause und so 'n Ding setze ich mir auch zusammen, man kann ja die Pfeife daran anstecken. —"

Nach den Vorträgen am Abend bei Tisch, Wein und Tanz

In der Garderobe war es überhaupt für einen Naturforscher sehr interessant; hier zerbrach, wie der silberne Schmetterling seine Larve, die lockende Frauen- und Mädcheneitelkeit ihre Hülle, hier rauschten seidne weiße Kleider, die unterwegs aufgesteckt waren, eifersüchtig auf den Boden herab, hier schwoll ein erwartungsvoller, tanzsüchtiger und nach Naturforschung still ächzender Busen im engen Leibchen des neuen, vor einer Stunde erst aus der Hand der Modeschneiderin gekommenen Kleides, hier dürstete der Mund nach dem ersten Täßchen Thee aus der Hand eines Naturforschers, es beobachtete das kluge Auge, die Kraft seines Feuers kennend, die den Mantel abwerfenden Herren, wohl unterscheidend, wer ein lediger Forscher sei oder nicht. Jetzt werden rasch die Locken mit ordnendem Finger berührt, das Taschentuch wird so gefaßt, daß das Parfum und der am schönsten in Rococo gestickte Zipfel nach Außen kommen und so vorbereitet, entweder sich selbst überlassen oder von einem Herrn geführt, steigen die Damen die noch übrigen, zwischen Garderobe und Saal befindlichen Stufen hinauf, um in das Eldorado einzutreten, welches schon seit Wochen die weibliche Phantasie beschäftigt hatte.

Der Weg in den Saal führte durch ein Buffet, welches durch Säulen und niedere Decke von dem eigentlichen Raume der Gesellschaft unterschieden war.

Zunächst begegnen wir nur bekannten, einheimischen Personen, welche es für ihre Pflicht gehalten haben, die Fremden keinen leeren Saal finden zu lassen. Sie nehmen schon früh die bequemsten Plätze ein, trinken den ersten ausgezogenen Thee, um sich zum Empfange der Späterkommenden behaglich zu stimmen und opfern sich überhaupt auf, indem sie ihre häuslichen Geschäfte gänzlich vergessen haben. — Hier grüßt uns der Nachbar, dort mokirt sich über unseren neuen Frack die Mama des Krämerfräulein, ein schnippisches Dämchen findet es unanständig, daß wir ihr bei Betrachtung einer Schöneren ohne Wissen den Rücken zukehren, hier drückt uns eine überwinterte und gesprenkelte Levkoje die Blumenhand und präsentirt uns ihre besten Ableger. — Am Breitesten aber machen sich Diejenigen, welche eigentlich gar nicht an Ort und Stelle gehören und mancher wahrhaftige Naturforscher mußte vor ihnen fliehen und die Ueberzeugung gewinnen, daß die Körperwelt ihre Ansprüche an den Forscher immer entschiedener geltend mache. .. .. ..

Die ältern, gelehrten Häupter hatten sich mit ihren hoffnungsvollen Protegés in das Speisezimmer zurückgezogen und erzählten sich Geschichten aus dem Brotstudium.

Mehre Gelehrte mittleren Ranges stellten sich außerordentlich berühmt und knüpften wichtige Gespräche mit großen Lichtern an; hier machte ein junger Forscher eifrig Jagd auf einen ältere Forscher, um letzteren auszubeuten, dort stiesen ein paar literarische Opponenten im Gedränge zusammen und ihre Meinung, als hätten sie sich längst todt geschlagen, wurde durch den körperlichen Kontakt ihrer Füße und Ellbogen auf das Entschiedenste widerlegt. An jenem Tische vor gefüllten Tellern mit Hasenbraten saßen heitere Doktoren und ergötzten sich über mehre gelehrt redende Laien, welche die angehörten Sectionsversammlungen wiedergeben wollten und verschiedene Dinge mit einander verwechselten; Physiker lachten über die mißlungenen Experimente eines, an seinem Ruhme arbeitenden, physikalischen Lehrers; Geologen witzelten über das flötzgebirgische Gedächtniß eines Kenners der Urformationen, einige Anatomen nannten den neuentdeckten Nerven eines Professors den: *Nervus rerum gerendarum*, womit der Entdecker sein Brot verdiene; vier junge Aerzte erzählten sich Krankengeschichten voll Grausen und zwei Apotheker klagten sich ihre Noth, daß jetzt so einfache und wohlfeile Rezepte verschrieben würden, die das Geschäft herunterbrächten — kurz Jeder sprach über sein Brotfach oder — er tanzte. —

In einer entfernten Ecke aber, gerötheten Gesichtes und inneren Aergers voll, faßt eine Dame ihren verlegenen Gatten scharf in's Auge und mit aufgebissenen, blendenden Zähnen lispelt sie: „Niemals sollst Du wieder nach einer Naturforschergesellschaft — Leichtsinniger! Ich will Dir das Mädchen mit dem Kranze aus dem Sinne bringen.“ — Andere geniren sich nicht, im Oberrocke zu erscheinen, ihr Weg führt sie rasch und flüchtig grüßend durch den Saal, oft werden sie von einem Tanze auf dem Wege nach dem Ziele gesperrt, und sie benutzen diesen Aufenthalt, um im Buffet noch ein Stück Kuchen zu verzehren. Ist die Passage frei, dann drängen sie sich mit Hast die Stufen hinauf, welche den Saal in eine Halle und ein Nebenzimmer münden lassen, wo gedeckte Tische stehen und Speisekarten liegen. Hier essen und trinken diese Forscher mit bewunderungswürdiger Consequenz drei Stunden lang, nehmen die Miene an, als wären sie in tiefe wissenschaftliche Diskussionen mit den Mitspeisenden verstrickt, verweilen nach dem Kartoffelsalate noch bei einer Flasche guten Weins, verlieren sich dann, die Zähne stochernd, in der Gesellschaft, klagen über Hitze im Saale und gehen nach Hause. Diese Leute sind eigentlich die ächten Forscher, sie studiren nach dem Beispiele Tiedemann's und Gmelin's die „Verdauung nach Versuchen“, befinden sich leidlich dabei und werden nebenbei korpulent.

Ausklang einer Tagung

Werkeltag. (Fuimus Troës!)

Nach Beendigung der Naturforscherversammlung bedurfte es des Sonnenscheins nicht mehr, das wußte der Himmel. Deßhalb ließ er, um die Werkeltage des bürgerlichen Lebens passend auszustatten, graue, eintönige Wolken aufsteigen und langweiligen, kalten Regen herunterfallen. Die Meteorologen nennen einen grau überzogenen Himmel „*Stratum*" — unglückseliges Wort, welches unsere Werkeltage bezeichnet, wie bist Du so vielköpfig, um uns fühlen zu lassen, daß die schöne sonnige Naturforschergesellschaft vorüber ist. —

Die Damen stricken, sticken und nähen wieder wie vor Wochen, ihr Ballstaat hängt im Schranke oder ist bei der Fleckauswäscherin, die getäuschte Jungfrau grollt über ihren tanzenden Naturforscher und der Naturforscher erinnert sich, mitten in seinen ernsten Studien, daß er einmal kürzlich mit einem hübschen Mädchen getanzt habe. Der Einheimische geht an sein Geschäft und wenn er einmal im Clubb oder Wirthshause vom Naturforscher spricht, so meint er damit den Casinoball und das gemeinschaftliche Mittagsmahl; die Fremden zählen ihr Geld nach und nehmen sich vor, nächstes Jahr in Mainz sparsamer zu sein.

Lassen Sie uns jetzt einmal die Ronde machen und die verschiedenen Scenen belauschen, welche nach dem Feste bei manchen Theilnehmern still vor sich gehen. .. .. ..

Eilen wir mit der Nebelkappe der Phantasie nach einer fernen Universität und belauschen die jungen Docenten, welche sich eifrig unterhalten. Sie sprechen begeistert von den Sectionsversammlungen der letzten Septemberversammlung, sie glühen im Feuer der Wissenschaft und nennen das Institut, welches die Männer des vielverzweigten Faches zum Austausch ihrer Resultate zusammenführt, ein segensreiches, anregendes; sie nehmen sich vor, die Zeitfragen der Doctrin zu ergründen und im nächsten September zur Beantwortung zu bringen. — Aber reden sie nicht von dem schönen Casino? Nein! sie vergessen im Strome des Studiums, daß sie einmal andern Göttern und Göttinnen gedient, — — doch jener großäugige Herr, welcher jetzt nach Hause geht, ist er uns nicht bekannt? tanzte er nicht so leicht mit Dieser, Jener? — Wir folgen seiner Spur, er tritt in sein Etudier und beginnt Bücher zu ordnen — ein abgerissener Handschuhfinger fällt ihm entgegen, er nimmt ihn gleichgültig, legt ihn als Zeichen in ein altes Buch, um das Kapitel von der Behandlung des Krebses zu markiren und denkt nicht weiter daran. — Arme Melusine! —

Doch horchen wir, was treibt jene aufgeregte Frau Doctorin? Sie hält ihrem Gemahl den Text und dieser blättert grimmig in einer Monographie über histerische Zustände der Frauen. — „Rede, keift die Gemahlin und schiebt die Haube auf dem Kopfe schief, was hast Du dort in der Versammlung getrieben? Die Leute haben es mir gestochen, daß Du die Mädchen mehr als die Kollegen angesehen hättest. — O! darum sollte ich allein hier bleiben, um Dir nicht zusehen zu können. Du hast vier Louisd'or mehr ausgegeben, als in Deinem Tagebuche steht — ja! ich weiß, daß Du den galanten Herrn gespielt und Präsente gemacht hast." —

Diese häusliche Scene scheucht uns zurück, unsere ferneren Forschungen über die eingetretenen Werkeltage fortzusetzen. — Die Herrlichkeit ist vorüber, es hat sich die Wissenschaft wieder in ihr stilles Heiligthum zurückgezogen, die Ballkleider schweben nicht mehr durch den Kreis gelehrter Männer, der Winter treibt Jeden hinter seinen eignen Ofen — hier und dort mag noch ein erbeutetes Band, eine errinnerungsreiche Visitenkarte am Spiegel stecken — es ist Werkeltag — *fuimus Troes*

[Vergil, Aeneis II 325]

Das Bild der großen Woche ist in seinen heiteren Farben an uns vorübergegangen; flüchtig zwar, aber harmlos, gleich leicht gezeichneten Umrissen ohne festere Linien, tauchten die Scenen der großen Woche auf und nieder und es tändelte der heitere Sinn des Genremalers mit den Kontrasten, welche jedes zum Volksfeste sich ausbreitende Ereigniß mit sich führt.

Nicht mehr oder nicht weniger als Erinnerungsblätter sind hier gegeben, die den Theilnehmer in müßigen und launigen Stunden zufällig wie ein Band vom Busen einer vergessenen Tänzerin in die Hände fallen und die kleinen Spiele des Augenblicks wieder vergegenwärtigen mögen. — So sei dieses Album der amtliche Bericht des heiteren Gottes, welcher, ein Bruder des Ernstes, sich gern einfindet, wo die Polaritäten sich berühren und sich im tanzenden Naturforscher krystallisiren. — Gern hätte man dieses Album nach Art der Taschentücher mit einem Portrait geschmückt, aber wer hätte den tanzenden Naturforscher wahr und lebendig genug gezeichnet, da Ramberg todt ist und wer hätte dazu sitzen sollen, da die Damen es verweigert haben, den ausgezeichnetsten Tänzer namhaft zu machen. —

Einladungskarte der Mitglieder.

№

Der Inhaber dieser Karte Herr

aus

wird hiedurch zu allen Zusammenkünften der Gesellschaft der deutschen Naturforscher und Ärzte während ihrer Versammlung in Berlin eingeladen und ersucht, sich ihrer als Eintrittskarte zu denselben sowie zu den sämmtlichen naturhistorischen und medicinischen Anstalten der Residenz zu bedienen.

Berlin am 12ten Sept. 1828.

A. v. Humboldt H. Lichtenstein Dr.

Der Eingang zu den Versammlungen im Saal der Sing-Akademie ist von der Seite der Hauptwache.

Einladungskarte zu der Berliner Versammlung 1828 mit den Unterschriften A. v. Humboldt's und H. Lichtenstein's. Aus: Amtl. Bericht der Versammlung zu Berlin 1828.

Verzeichnis der 100 Versammlungen und ihre Geschäftsführer

	Tagungsort	Jahr	Geschäftsführer
1	Leipzig	1822	Fr. Schwägrichen und G. Kunze
2	Halle	1823	Sprengel und Schweigger
3	Würzburg	1824	d'Outrepont und Schönlein
4	Frankfurt a. M.	1825	Neuburg und Kretzschmar
5	Dresden	1826	Seiler und Carus
6	München	1827	Döllinger und Martius
7	Berlin	1828	A. v. Humboldt und H. Lichtenstein
8	Heidelberg	1829	Tiedemann und Gmelin
9	Hamburg	1830	Bartels und Ficke
10	Wien	1832	v. Jacquin und J. J. Littrow
11	Breslau	1833	J. Wendt und A.W. Otto
12	Stuttgart	1834	C. V. Kielmeyer und G. Jäger
13	Bonn	1835	Harless und Nöggerath
14	Jena	1836	D. G. Kieser und J. C. Zenker
15	Prag	1837	Graf K. von Sternberg und J. V. E. v. Krumbholz
16	Freiburg/Brg.	1838	G. F. Wucherer und F. S. Leuckart
17	Pyrmont	1839	K. Th. Manke und Fr. Krüger
18	Erlangen	1840	J. M. Leupoldt und L. Stromeyer
19	Braunschweig	1841	F. K. v. Strombeck und Mansfeld
20	Mainz	1842	Gröser und Bruch
21	Graz	1843	L. Langer und A. Schrötter
22	Bremen	1844	Schmidt und G. W. Focke
23	Nürnberg	1845	J. S. Dietz und J. S. Ohm
24	Kiel	1846	G. A. Michaelis und H. F. Scherk
25	Aachen	1847	J. P. J. Monheim und H. Debey
26	Regensburg	1849	Fürnrohr und Herrich-Schäffer
27	Greifswald	1850	Berndt und Hornschuch
28	Gotha	1851	Buddäus und H. Bretschneider
29	Wiesbaden	1852	R. Fresenius und Braun
30	Tübingen	1853	Mohl und v. Bruns
31	Göttingen	1854	Bauer und Listing
32	Wien	1856	Hyrtl und Schrötter
33	Bonn	1857	Nöggerath und H. F. Kilian
34	Karlsruhe	1858	Eisenlohr und Volz
35	Königsberg i. Pr.	1860	v. Wittich und Wagner
36	Speyer	1861	J. Heine und F. Keller
37	Karlsbad	1862	J. Loeschner und G. Ritter von Hochberger
38	Stettin	1863	C. A. Dohrn und Behm
39	Gießen	1864	Werner und Leuckart

	Tagungsort	Jahr	Geschäftsführer
40	Hannover	1865	W. Krause und K. Kraut
41	Frankfurt a. M.	1867	H. v. Meyer und Spieß sen.
42	Dresden	1868	Carus und Schlömilch
43	Innsbruck	1869	O. Rembold und L. v. Barth
44	Rostock	1871	Th. Thierfelder und H. Karsten
45	Leipzig	1872	Thiersch und Ludwig
46	Wiesbaden	1873	R. Fresenius und L. Haas sen.
47	Breslau	1874	Löwig und O. Spiegelberg
48	Graz	1875	Rollet und v. Pebal
49	Hamburg	1876	Kirchenpauer und Danzel
50	München	1877	v. Pettenkofer und Zittel
51	Kassel	1878	Stilling und Gerland
52	Baden-Baden	1879	J. Baumgärtner und Schliep
53	Danzig	1880	Abegg und Bail
54	Salzburg	1881	Güntner und Kuhn
55	Eisenach	1882	Matthes und Wedemann
56	Freiburg/Brg.	1883	Ad. Claus
57	Magdeburg	1884	Gaehde und Hochheim
58	Straßburg/Els.	1885	Kussmaul und de Bary
59	Berlin	1886	Rud. Virchow und A. W. von Hofmann
60	Wiesbaden	1887	R. Fresenius und A. Pagenstecher
61	Köln	1888	B. Bardenheuer und Th. Kyll
62	Heidelberg	1889	Quincke und Kühne
63	Bremen	1890	H. Pletzer und F. Buchenau
64	Halle	1891	H. Knoblauch und E. Hitzig
65	Nürnberg	1893	G. Merkel und G. Füchtbauer
66	Wien	1894	A. Kerner von Marilaun und S. Exner
67	Lübeck	1895	Brehmer und Th. Eschenberg
68	Frankfurt a. M.	1896	M. Schmidt und W. König
69	Braunschweig	1897	W. Blasius und R. Schulz
70	Düsseldorf	1898	A. Mooren und Viehoff
71	München	1899	F. N. Winckel und W. Dyck
72	Aachen	1900	Wüllner und G. Mayer
73	Hamburg	1901	A. Voller und Reincke
74	Karlsbad	1902	A. Hermann und J. Knett und Finck
75	Cassel	1903	Hornstein und Rosenblath
76	Breslau	1904	Uhthoff und Ladenburg
77	Meran	1905	Sadebeck und S. Huber und E. Heinricher
78	Stuttgart	1906	von Burckhardt und von Hell
79	Dresden	1907	E. von Meyer und Leopold
80	Köln	1908	Tilmann und Kyll
81	Salzburg	1909	E. Fugger und Würtenberger

	Tagungsort	Jahr	Geschäftsführer
82	Königsberg	1910	L. Lichtheim und F. Meyer
83	Karlsruhe	1911	Krazer und H. Starck und Bongartz
84	Münster i.W.	1912	Rosemann und K. Buß
85	Wien	1913	Becke und v. Pirquet
86	Bad Nauheim	1920	Grödel und Zimmer
87	Leipzig	1922	Wiener und Zaunick
88	Innsbruck	1924	von Schweidler und von Haberer
89	Düsseldorf	1926	Schlossmann und Körber und Wüst
90	Hamburg	1928	Blaschke und Nocht
91	Königsberg	1930	M. Matthes †, Bürgers und A. Mitscherlich
92	Wiesbaden und Mainz	1932	Herxheimer und Determann für Wiesbaden O. Schmidtgen und Ohaus für Mainz
93	Hannover	1934	Conrad Müller und H. Willige
94	Dresden	1936	Grote und R. Zaunick
95	Stuttgart	1938	Gg. Grube und Erich Schmidt und A. Schweitzer
96	München	1950	R. Wagner und Auer und Frau Conzelmann
97	Essen	1952	Bossert und Th. Goldschmidt
98	Freiburg/Brg.	1954	L. Heilmeyer und M. Pfannenstiel
99	Hamburg	1956	Kimmig und G. Weber
100	Wiesbaden	1958	Fr. Kauffmann und W. Fresenius

Verzeichnis der Vorsitzenden der Gesellschaft und deren erste und zweite Stellvertreter

(Erst seit dem Jahre 1891 gibt es Vorsitzende der Gesellschaft im heutigen Sinne)

1891 Prof. Dr. W. His, Leipzig
Prof. Dr. Quincke, Heidelberg

1892 Prof. Dr. von Bergmann, Berlin
Prof. Dr. Wislicenus, Leipzig
Prof. Dr. Ed. Suess, Wien

1893 Prof. Dr. von Bergmann, Berlin
Prof. Dr. Wislicenus, Leipzig
Prof. Dr. Ed. Suess, Wien

1894 Prof. Dr. Ed. Suess, Wien
Prof. Dr. Wislicenus, Leipzig
Prof. Dr. von Ziemßen, München

1895 Prof. Dr. Wislicenus, Leipzig
Prof. Dr. von Ziemßen, München
Prof. Dr. von Lang, Wien

1896 Prof. Dr. von Ziemßen, München
Prof. Dr. von Lang, Wien
Prof. Dr. Waldeyer, Berlin

1897 Prof. Dr. von Lang, Wien
Prof. Dr. Waldeyer, Berlin
Prof. Dr. Neumayer, Hamburg

1898 Prof. Dr. Waldeyer, Berlin
Prof. Dr. Neumayer, Hamburg
Prof. Dr. W. O. von Leube, Würzburg

1899 Prof. Dr. Neumayer, Hamburg
Prof. Dr. W. O. von Leube, Würzburg
Prof. Dr. Hertwig, München

1900 Prof. Dr. W. O. von Leube, Würzburg
Prof. Dr. Hertwig, München
Prof. Dr. Heubner, Berlin

1901 Prof. Dr. Hertwig, München
Prof. Dr. Heubner, Berlin
Prof. Dr. van't Hoff, Charlottenburg

1902 Prof. Dr. Heubner, Berlin
Prof. Dr. van't Hoff, Charlottenburg
Prof. Dr. Chiari, Prag

1903 Prof. Dr. van't Hoff, Charlottenburg
Prof. Dr. Chiari, Prag
Prof. Dr. von Hefner-Alteneck, Berlin

1904 Prof. Dr. Chiari, Prag
Prof. Dr. von Hefner-Alteneck, Berlin
Prof. Dr. F. von Winckel, München

1905 Prof. Dr. F. von Winckel, München
Prof. Dr. Chun, Leipzig
Prof. Dr. Naunyn, Baden-Baden

1906 Prof. Dr. Chun, Leipzig
Prof. Dr. Naunyn, Baden-Baden
Prof. Dr. Wettstein von Wettersheim, Wien

1907 Prof. Dr. Naunyn, Baden-Baden
Prof. Dr. Wettstein von Wettersheim, Wien
Prof. Dr. Rubner, Berlin

1908 Prof. Dr. Wettstein von Wettersheim, Wien
Prof. Dr. Rubner, Berlin
Prof. Dr. Wien, Würzburg

1909 Prof. Dr. Rubner, Berlin
Prof. Dr. Wien, Würzburg
Prof. Dr. von Frey, Würzburg

1910 Prof. Dr. Wien, Würzburg
Prof. Dr. von Frey, Würzburg
Prof. Dr. Heider, Innsbruck

1911 Prof. Dr. von Frey, Würzburg
Prof. Dr. Heider, München
Prof. Dr. H. H. Meyer, Wien

1912 Prof. Dr. Heider, München
Prof. Dr. H. H. Meyer, Wien
Prof. Dr. E. Fraas, Stuttgart

1913 Prof. Dr. H. H. Meyer, Wien
Prof. Dr. E. Fraas, Stuttgart
Prof. Dr. F. von Müller, München

1914 (Prof. Dr. E. Fraas †, Stuttgart)
bis Prof. Dr. F. von Müller, München
1920 (Prof. Dr. W. Hempel †, Dresden)

1921/22 Prof. Dr. Planck, Berlin
Prof. Dr. Paltauf, Wien
Prof. Dr. von Dyck, München

1923/24 Prof. Dr. W. His, Berlin
Prof. Dr. W. von Dyck, München
Prof. Dr. Willstätter, München

1925/26 Prof. Dr. W. von Dyck, München
Prof. Dr. von Eiselsberg, Wien
Prof. Dr. Fitting, Bonn

1927/28 Prof. Dr. von Eiselsberg, Wien
Prof. Dr. Fitting, Bonn
Prof. Dr. L. Aschoff, Freiburg/Brg.

1929/30 Prof. Dr. Fitting, Bonn
Prof. Dr. L. Aschoff, Freiburg/Brg.
Prof. Dr. C. Bosch, Heidelberg

1931/32 Prof. Dr. L. Aschoff, Freiburg/Brg.
Prof. Dr. C. Bosch, Heidelberg
Prof. Dr. F. Sauerbruch, Berlin

1933/34 Prof. Dr. C. Bosch, Heidelberg
Prof. Dr. L. Aschoff, Freiburg/Brg.
Prof. Dr. F. Sauerbruch, Berlin

1935/36 Prof. Dr. F. Sauerbruch, Berlin
Prof. Dr. C. Bosch, Heidelberg
Prof. Dr. A. Kühn, Göttingen

1937/38 Prof. Dr. A. Kühn, Berlin-Dahlem
Prof. Dr. F. Sauerbruch, Berlin
Prof. Dr. von Bergmann, Berlin

1939/40 Prof. Dr. von Bergmann, Berlin
Prof. Dr. A. Kühn, Berlin-Dahlem
Prof. Dr. Drescher-Kaden, Göttingen

Die Ausübung des Amtes der Vorsitzenden der Gesellschaft war während des Weltkrieges 1939—1945 und während der Nachkriegsjahre 1946—1949 nur beschränkt möglich.

Neugründung der Gesellschaft nach dem 2. Weltkrieg am 16. Februar 1950 in Göttingen

1950 Prof. Dr. von Bergmann, München
Prof. Dr. A. Kühn, Hechingen/Hohenz.
Prof. Dr. Butenandt, Tübingen

1951/52 Prof. Dr. Butenandt, Tübingen
Prof. Dr. von Bergmann, München
Prof. Dr. Fr. Büchner, Freiburg/Brg.

1953/54 Prof. Dr. Fr. Büchner, Freiburg/Brg.
Prof. Dr. Butenandt, Tübingen
Prof. Dr. O. Heckmann, Hbg.-Bergedorf

1955/56 Prof. Dr. O. Heckmann, Hbg.-Bergedorf
Prof. Dr. F. Büchner, Freiburg/Brg.
Prof. Dr. K. H. Bauer, Heidelberg

1957/58 Prof. Dr. K. H. Bauer, Heidelberg
Prof. Dr. O. Heckmann, Hbg.-Bergedorf
Prof. Dr. Fr. Oehlkers, Freiburg/Brg.